Happy Zoo

手作人都融化！
超過30款の動物拼布大集合！

Happy Zoo

最可愛の
趣味造型布作30+

幸福豆手創館
胡瑞娟Regin◎著

愛上拼布，
與學員一同感受美好

　　因為出版了《超萌手作！歡迎光臨黏土動物園》一書，對於動物造型的手作似乎上癮了，於是開始思考將拼布手作也以動物造型為主題，設計成各式包款。有此想法後，把想要的動物逐一列名，在腦中構思草圖，空閒時刻就把圖像繪製出來，再將所有圖像請家人、學生來票選出造型較出眾的創意，而後畫出草圖才演變成適合的包款，但這只是手作的起點，真正的開始執行，還需要先挑選適合的布料、配色，以及變成立體包款的製作步驟，還有一大段的路要走，但看著畫好的草圖，當下的心情就興奮不已。

　　拼布是一個非常好玩且可以培養耐心的手作，也是Regin自設計科系畢業後，開始學習手作的入門技能，令我著迷的是每塊布都是如此美麗且獨一無二，所以在挑選過程中，總在捨與得之間掙扎抉擇，雖然無法想像完成後的畫面，仍然一針一線用心縫製，當看到作品完成時的那種喜悅，就是手作世界的最大樂趣，歡喜的愛上自己的每個作品，不管好壞，都是自己一針一線縫出的孩子，這也是開始教導拼布後，深刻的與學員一同感受到的美好，所以至今我都會非常期待且投入配色後的成品效果。

　　將動物草圖逐一上色完成，開始熱衷尋找適合的色布，學生見狀都會問我：是不是創作前都會畫草圖、色稿？

　　我常常會說：創作其實是非常快樂的事，也沒有對錯，只要自己作得開心，呈現出來的作品也能感染自己心情。

　　所以通常創作時，草圖是在心裡構思，出版書籍是一件有責任的事，不只是將自己的創作分享出來，更是在傳播觀念，所以需要經由規劃整理，不是短時間可以完成，所以一定要將想法畫下紀錄，修改統整處理細節後，創作才能更加萌芽長成。

　　轉眼這本書陸陸續續製作已經過兩、三個夏天，另一本書《365天都能送の祝福系手作黏土禮物提案》也已經先出版了，感恩後來加入Regin媽媽以及幾位拼布學生一起幫忙縫製，記得終於訂下拍攝情境照的時間是2014年9月，拍照前還在思考如何讓情境更好，特此製作一些小作品，拍完照本來希望可以緊鑼密鼓的開始畫步驟圖等細節，但在那時也是剛知道肚子有一個小生命出現，總編與編輯非常體諒的希望我可以慢慢製作，沒想到現在寶寶已經出生，所有東西才陸續產出，真的很感恩總編及編輯的關心，才讓我在沒有壓力下陸續完成後續工作，希望這份溫暖心思下的創作可以傳送給您，也期望您可以和我們一樣非常開心的熱愛手作，讓我們隨時保持單純的心，讓可愛的拼布豐富您的生活。

最後，感謝出版社老闆的貼心、總編的信任與鼓勵，以及編輯璟安的用心協助，讓我的創作可以盡情發揮；感恩最愛的家人們與學生們的支持陪伴，感謝這次妹妹又加入幫我想作品文，現在加上小寶貝的力量，我想在創作的路上會有更多新的火花。謝謝您們！

美麗的力量，走向藝術世界，
我們喜愛創造藝術、沈浸文化、享受創作。
這樣的夢想，絢麗且精彩。
看似一紗之隔，再看卻又遙不可及。
所以我們決定帶著美麗的力量，勇敢向前走。
所以我們告訴自己要小心走好每一步。
所以我們更珍惜每個幸福的相遇……
期待您與我們一起發現手作的樂趣，
共同享受手作快樂，
並種下幸福的種籽。

幸福豆手創館。創館人 Regin
胡瑞娟

About author

學歷
復興商工（美工科）
景文技術學院（視覺傳達科）
國立台灣師範大學研究所（設計創作系）

現職／經歷
幸福豆手創館創館人
中華國際手作生活美學推廣協會 理事長
復興商工 廣設科老師
丹曼創意行銷有限公司 藝術總監
大氣整合行銷股份有限公司 立體道具企劃設計
社會局慧心家園美術老師
法鼓山社區大學手藝講師
全國教師進修研習講師
手作專案課程企劃講師
兒童黏土美學證書評鑑講師
日本JACS株式協會黏土工藝講師
麵包花多媒材應用傢飾講師
點心黏土創作講師
生活拼貼彩繪藝術講師
彩繪生活創意講師
奶油黏土藝術創作師資

著作
《可愛風手作雜貨》、《自創牛奶盒雜貨》、《丹寧潮流DIY》、《創意手作禮物Zakka 40選》、《手作環保購物袋》、《3000元打造屬於自己的手創品牌》、《So yummy!甜在心黏土蛋糕》、《簡單縫·開心穿！我的幸福圍裙》、《靡靡童話手作》、《超萌手作！歡迎光臨黏土動物園：挑戰可愛極限的居家實用小物65款》、《大日子×小手作！365天都能送の祝福系手作黏土禮物提案FUN送BEST.60》等書

展覽
2012靡靡童話手作展胡瑞娟黏土創作師生展

幸福豆手創館
mail：regin919@ms54.hinet.net
部落格： http://mypaper.pchome.com.tw/regin919
粉絲網：http://www.facebook.com/Regin.Handmade

本書作品製作：胡瑞娟·林依頻·林美伶·邱美玲·徐怡心

Contents

scene.1 Patchwork Zoo
拼布動物園

scene.2 Patchwork Room
布作小教室

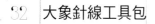

scene.1 Patchwork Zoo

歡迎來到
手作城市裡的拼布動物園
搭上縫紉悠遊列車
跟小可愛們say hello吧！

十二生肖

鑰匙包

HOW TO MAKE
＊吉利猴鑰匙包P.62至P.63
＊紙型A面

以討喜的12生肖造型，
作成可愛的鑰匙包，
你的幸運動物是什麼呢？

貓頭鷹

手拿包・口金包

HOW TO MAKE
* 貓頭鷹口金包 P.54至P.55
* 貓頭鷹手拿包 P.64至P.65
* 紙型B面

認真的貓頭鷹，
每一天都用心品味，
森林裡的日常大小事。

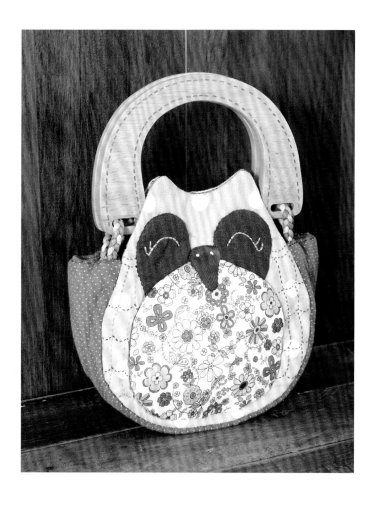

HOW TO MAKE
* 貓頭鷹兩用背包 P.66至P.67
* 紙型B面

將自信背上的微笑，
送給與我同行的好朋友。

俏皮狼
手機包

HOW TO MAKE
＊俏皮狼手機包 P.68至P.69
＊紙型 B面

咧嘴笑的俏皮狼兒，
是拼布人的創意小幽默。

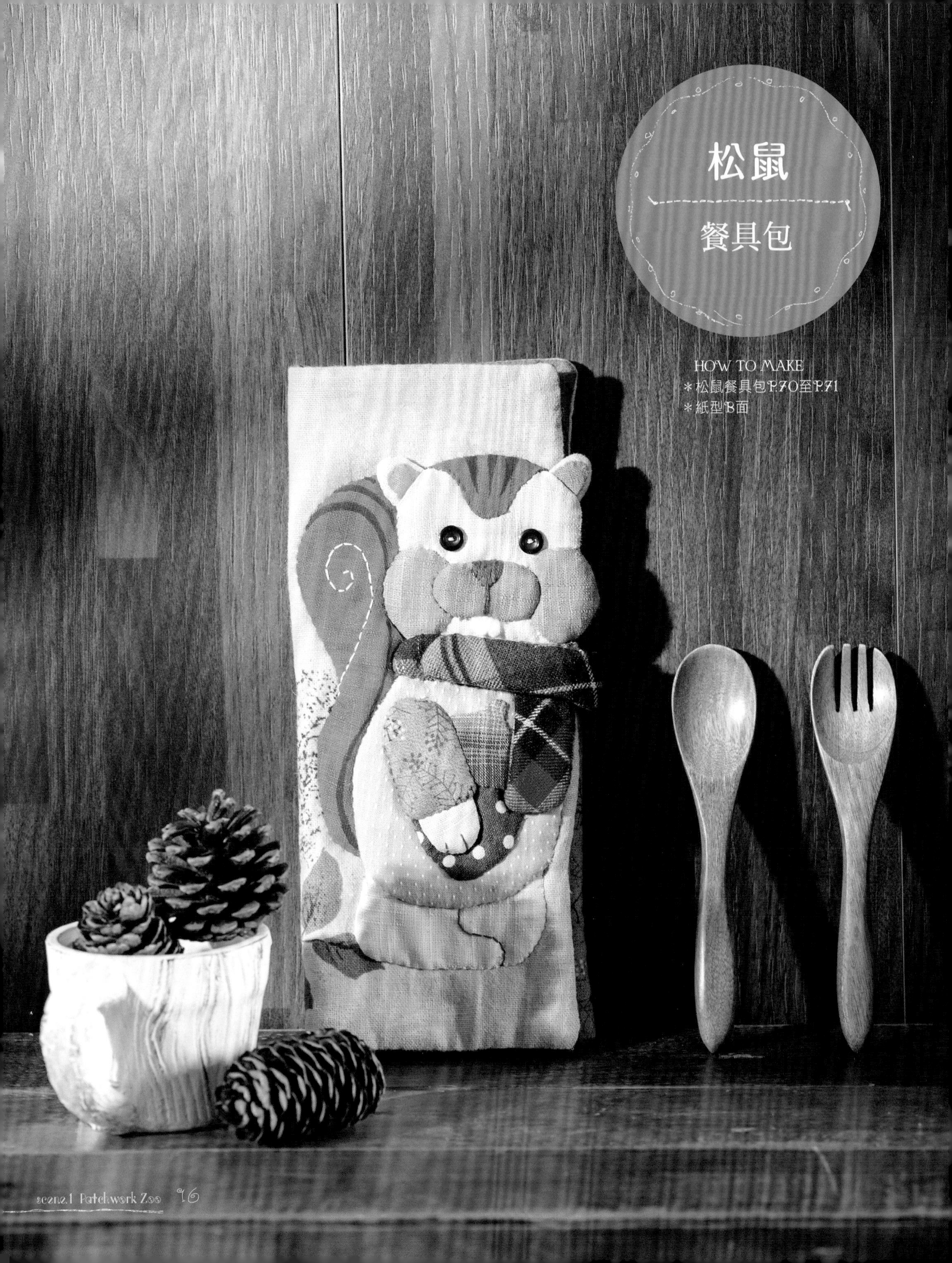

松鼠

餐具包

HOW TO MAKE
＊松鼠餐具包P.70至P.71
＊紙型B面

帶著小松鼠一起去野餐吧！
自在的生活，
是一種發自內心的隨性躍動。

花栗鼠

鑰匙包

HOW TO MAKE
＊花栗鼠鑰匙包P.72至P.73
＊紙型B面

今天要早點回家，
香噴噴的烤栗子，
在廚房等著我呢！

大眼熊
摺疊隨身包

HOW TO MAKE
＊大眼熊摺疊隨身包 P.58・P.84
＊紙型 B 面

帶著俏皮的大眼熊仔，
陪你遊山玩水走透透！
收納簡便，讓人愛不釋手！

不想使用時，
包包可收納成大眼熊公仔造型，
作為可愛小物喲！

獅子王

腰包

HOW TO MAKE
＊獅子王腰包 P.76至P.78
＊紙型B面

帶著溫馴的獅子，
大膽的四處去旅行冒險吧！

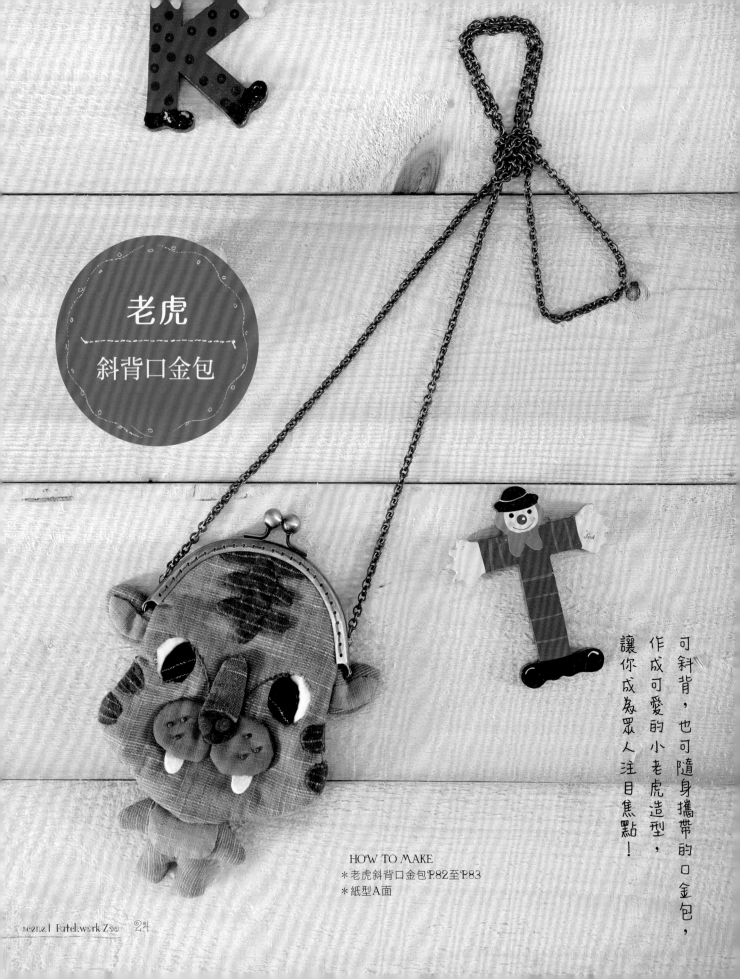

老虎

斜背口金包

可斜背，也可隨身攜帶的口金包，

作成可愛的小老虎造型，

讓你成為眾人注目焦點！

HOW TO MAKE
＊老虎斜背口金包 P.82至P.83
＊紙型A面

狐狸
零錢包

HOW TO MAKE
＊狐狸零錢包P.74至P.75
＊紙型B面

有雙細長瞇瞇眼的狐狸，
坐上小王子的夢想飛行器，
想跟他一起計劃星際旅行！

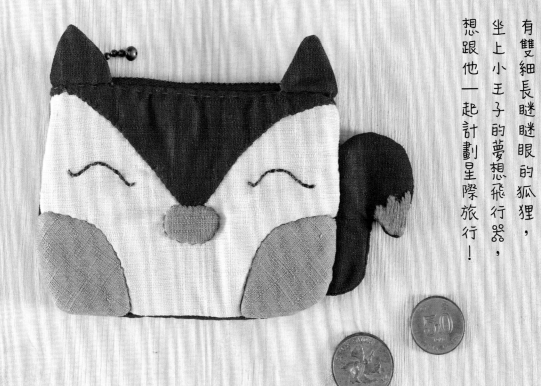

河馬媽媽
化妝包

HOW TO MAKE
＊河馬媽媽化妝包 P.80至 P.81
＊紙型A面

只有用心的人，
才能看穿河馬的外表，
愛上牠龐大的內在美。

鱷魚

筆袋

HOW TO MAKE
＊鱷魚筆袋 P.85
＊紙型 B面

鱷魚先生是一位藝術家，
牠的心裡裝載著，
五彩繽紛的圖繪幻想。

Good Luck
TO YOU

Sweetheart... you color my world with love.

大嘴蛙
面紙包

HOW TO MAKE
＊大嘴蛙面紙包 P.86 至 P.87
＊紙型 B 面

嗨！我是大嘴蛙，
一口一口吐出的，
是我貼心的表現。

猴仔
斜背包

永遠活力滿載的猴子，
最愛吃香蕉，
以開朗的笑容感染每一個人！

HOW TO MAKE
＊猴仔斜背包 P.88至 P.89
＊紙型A面

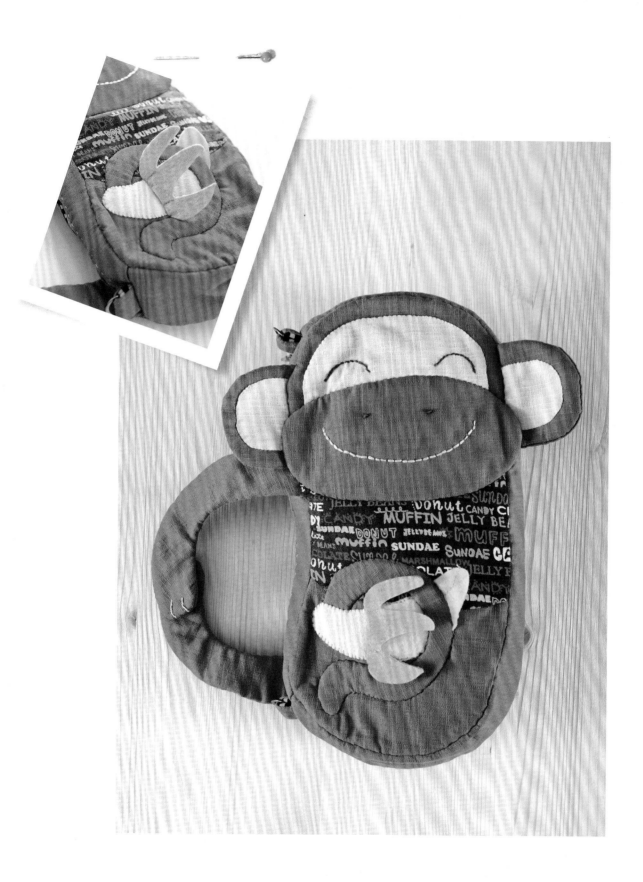

大象
針線工具包

HOW TO MAKE
＊大象針線工具包 P.90至P.91
＊紙型A面

温柔的大象，
最喜歡針線活兒了！
牠是慢條斯理的手作家。

羊咩咩

長夾

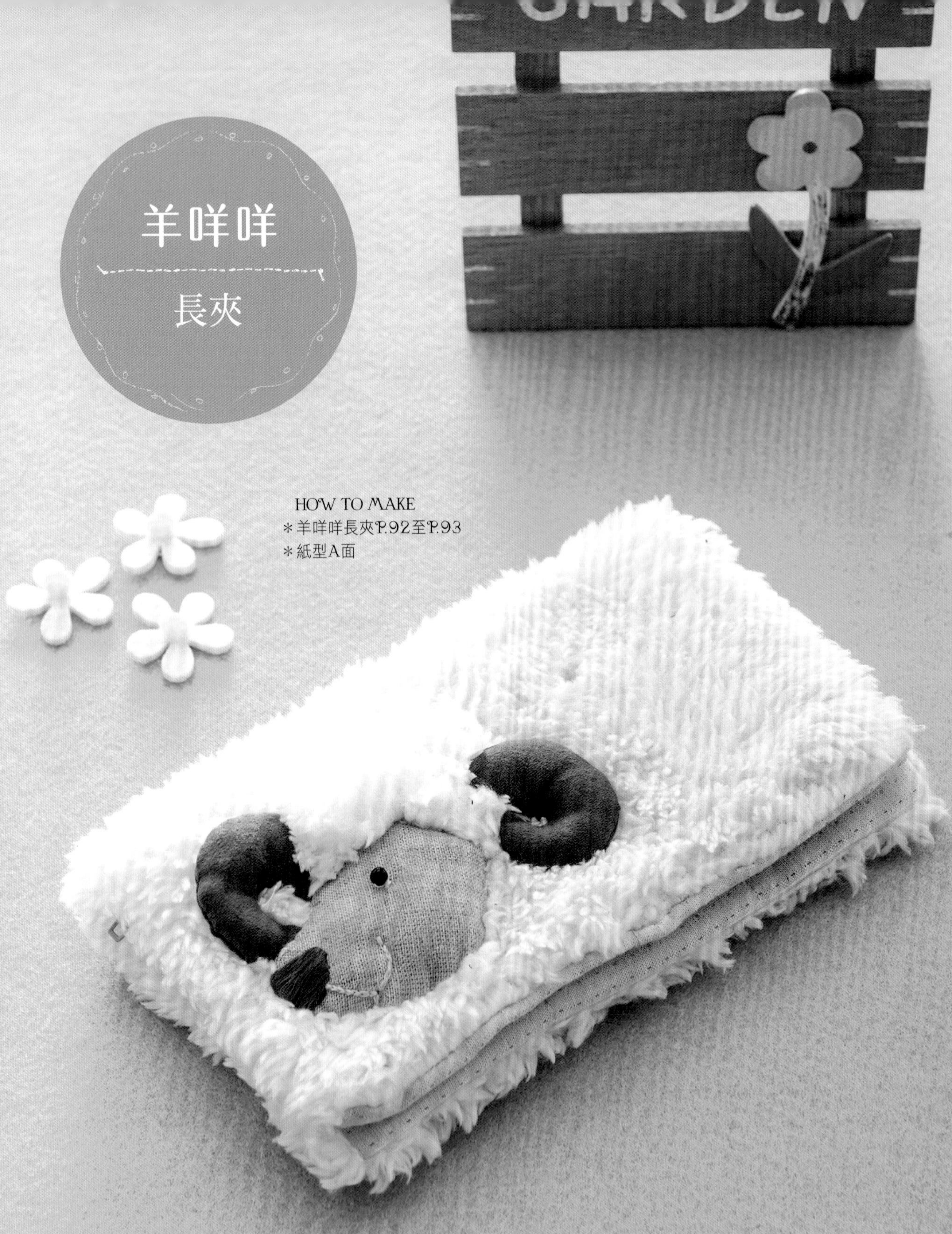

HOW TO MAKE

＊羊咩咩長夾P.92至P.93

＊紙型A面

與羊咩咩相伴，
每天的心情都是暖暖的美好。

35

乳牛
側背包

HOW TO MAKE
＊乳牛側背包 P.94至 P.95
＊紙型A面

慵懶的牛牛，
喜歡悠閒緩慢的步調，
安靜吃草，享受生活。

HOW TO MAKE
* 長頸鹿水壺袋 P.96至 P.97
* 紙型B面

走走走，去郊遊！
生活就像踏在旅行的路上，
充滿驚喜！

斑馬
護照套

HOW TO MAKE
＊斑馬護照套 P.98至 P.99
＊紙型 B面

去旅行吧！
體驗生活的酸甜苦辣，
不只黑白，還有彩色，
冒險——就是勇往直前！

海豚

眼鏡包

HOW TO MAKE
* 海豚眼鏡包 P.100至P.101
* 紙型B面

戴上清楚的眼鏡，
才能讓自己看得更遠，
游向大海，
航向夢想未來！

大嘴魚
束口包

一口接一口，
一大口，一小口，
討喜的大嘴魚，
為我收納滿滿的福氣。

HOW TO MAKE
＊大嘴魚束口包 P.102至 P.103
＊魚束口包 P.59
＊紙型 B面

粉紅貓
隨身化妝包

HOW TO MAKE
* 粉紅貓隨身化妝包 P.104至P.105
* 紙型 B面

HOW TO MAKE
8 金錢鼠零錢包 P.79
＊紙型A面

吱吱吱！
見錢就咬的金錢鼠，
為你帶來滿滿財富。

咖啡狗
首飾收納包

HOW TO MAKE
＊咖啡狗首飾收納包 P.106至P.107
＊紙型B面

汪汪汪……
以造型變換每天的心情，
配戴不同的首飾亮麗出門吧！

小熊&兔子

悠遊卡包

將通勤使用的悠遊卡，
裝在可愛的小熊與兔兔卡包裡，
每天都好開心！

HOW TO MAKE
＊小熊&兔子悠遊卡包P.108至P.109
＊紙型A面

金雞
圓形提把包

HOW TO MAKE
※金雞圓形提把包 P.110 至 P.111
※紙型A面

五彩繽紛的金雞，
有著豐滿的身軀，
時時刻刻為你帶來好運！

迷你豬

印章包

HOW TO MAKE
＊迷你豬印章包 P.112至 P.113
＊紙型 B面

扮成小紅帽的迷你豬，
最喜歡和大野狼玩捉迷藏，
今天換她當鬼囉！

scene.2 Patchwork Room

上課啦！
準備好工具＆材料，
一起進入瑞娟老師的
私房拼布小教室吧！

材料&工具

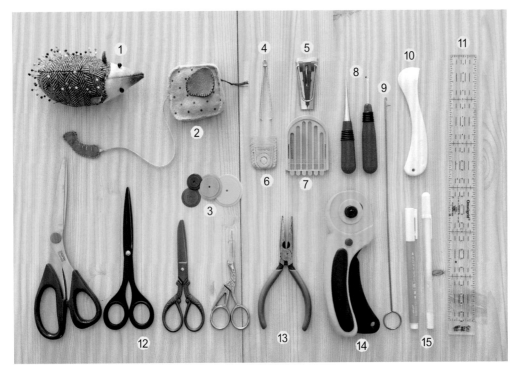

1 針插
2 捲尺
3 縫份尺
4 穿繩工具
5 滾邊器
6 指套
7 綜合針組
8 錐子・拆線器
9 拉鉤
10 骨筆
11 拼布尺
12 各式剪刀
13 老虎鉗
14 裁布切割工具
15 水消筆

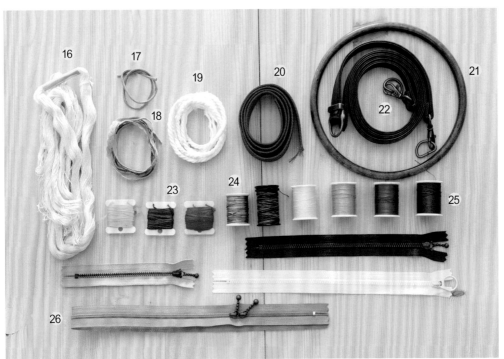

16 疏縫線
17 漸層繩子
18 緞帶
19 棉繩
20 織帶
21 木製圓形提把
22 背帶
23 各色繡線
24 漸層壓線
25 各色手縫線
26 各尺寸拉鍊

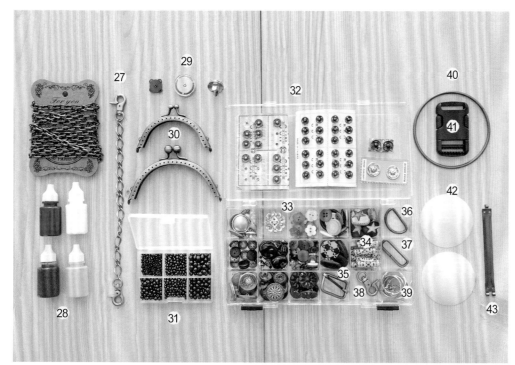

27 金屬鍊
28 壓克力顏料
29 磁釦
30 口金
31 各尺寸小黑珠
32 暗釦
33 各式釦子
34 鏤空片
35 日型環
36 D 型環
37 口型環
38 開口釦環
39 鑰匙圈
40 金屬環
41 塑膠插釦
42 包釦片
43 彈性片夾

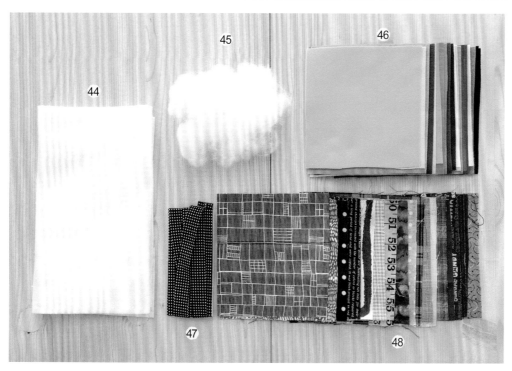

44 鋪棉
45 填充棉
46 各色不織布
47 滾邊條
48 配色用布

基本教作

Lesson.1
基礎口金包製作

示範作品 → P.10

貓頭鷹口金包

How to make

01 以水消筆於表布背面畫出貓頭鷹前、後片布的外框。

02 將步驟1外加縫份0.5cm剪下。

03 於肚皮表布的表面，畫出肚皮實際尺寸，外加縫份0.5cm剪下，定位於步驟2前片布的肚子位置。

04 以藏針縫將步驟3肚皮貼布於前片布表面。

05 與裡布正面相對，底下放置鋪棉，三層稍微疏縫固定。

06 沿著實際外框線，以回針縫縫合，並留返口。

07 外加縫份0.5cm剪下，沿著縫線邊緣修棉。

08 在縫份位置，以剪刀剪V缺口或剪一刀為牙口（弧度較彎處要多剪幾個缺口）。

09 從返口處翻至正面。

10 返口處往內摺,以珠針稍微固定,以藏針縫縫合。

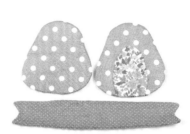

11 依相同作法,完成前片、後片布及側身布。

12 將前片布、側身布分別對摺,找出中心點,前片布與側身布中心點對中心點稍微固定後,往左右邊定位,以珠針固定。

13 將步驟12側身交界處,以藏針縫方式縫合固定,同樣方式將後片布與側身縫合。

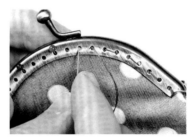

14 步驟12袋口套入口金,調整位置確認後縫合固定。

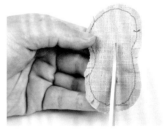

15 貓頭鷹眼睛兩片表布正面相對,底部放置鋪棉,以回針縫縫合,修棉剪牙口,從表布背面剪出返口洞(剪開返口作為背面)。

16 步驟15置於步驟14前片布表面,邊緣以藏針縫縫合,以相同作法製作嘴巴,並縫合。

17 縫上釦子眼睛,以及繡上鼻洞即完成。

Lesson.2
拉鍊縫製技巧 I：
拉鍊夾裡布

示範作品 ⟶ P.25

狐狸零錢包

01 分別將表布貼布完成後，外加縫份0.5cm剪下，表布、裡布底部各加同尺寸鋪棉後，表布與裡布正面相對。

02 沿著步驟1的外框實際尺寸，以回針縫縫合三邊側身。

03 將縫份多餘的鋪棉剪掉後，剪牙口，從袋口翻至正面。

04 袋口縫份往內摺，壓線固定（依個人喜好，可不壓線，以疏縫或別珠針稍固定）。放上拉鍊對準位置，別上珠針將拉鍊定位於袋口。

05 步驟4袋口與拉鍊交界處，以藏針縫縫合。

06 裡布正面相對，三邊側身以回針縫縫合，套入步驟5袋內。

07 裡布袋口縫份往內摺，蓋住拉鍊側身，並以珠針稍微定位。

08 以藏針縫將裡布袋口上端與拉鍊縫合固定，即完成。

Lesson.2
拉鍊縫製技巧 II：
拉鍊後加

示範作品 ⟶ P.42

貓咪零錢包

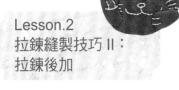

01 將前片、後片表布，先各自與裡布縫合收口；前、後片側身縫合，袋口對準拉鍊位置，並以珠針稍微固定。

02 針從表布以平針縫穿過拉鍊，將拉鍊固定於開口處。拉鍊的另一側身，以捲針縫縫合於裡袋的表面即完成。

Lesson.3
滾邊製作 I：
製作滾邊條

示範作品 ～→ P.18

花栗鼠鑰匙包

How to make

01 分別將滾邊及鑰匙包表布對摺，
   點出中央位置。

02 步驟1滾邊與鑰匙包中央位置對
   齊，將滾邊的寬邊1/2部分，蓋
   於表布邊緣。

03 側身分別往左右邊確實定位，
   並以珠針稍微固定。

04 滾邊與表布側身交界處，以藏針
   縫縫合固定。

05 另外滾邊的寬邊1/2部分，如圖
   往表布裡包覆。

06 以珠針稍微定位固定。

07 滾邊與裡布側身交界處，以藏針
   縫縫合固定，即完成。

特別技巧 I：
立體摺疊口袋製作

示範作品 → P.20

大眼熊摺疊隨身包

01 袋身表布與裡布正面相對，以回針縫縫合，從返口處翻回正面，提把處以藏針縫縫合。

02 分別剪出熊各部分的前、後片，將前、後片正面相對，沿著外框以回針縫縫合，從返口翻回正面，如圖。

03 將熊鼻以藏針縫縫於臉部表面；內耳依相同作法縫於耳朵表面，收合耳朵返口，縫於熊頭兩側，依步驟2至3作出另一組熊備用。

04 取其中一組熊，熊頭以珠針稍微固定於袋身表面，頭部邊緣以藏針縫縫合固定。

05 熊身均勻地塞入棉花。

06 熊身返口處往內摺，以藏針縫縫合，相同作法將手、腳也塞棉收合，手腳分別縫於熊身側面。

07 將步驟6身體上緣與頭部下緣交接處以藏針縫縫合固定後，將身體與頭部重疊對摺，以珠針稍微固定，備用。

08 將另一組身體、四肢返口收合（不塞棉），分別縫於熊身側面，與另一組熊頭縫合後，與步驟7熊頭如圖重疊。

09 將四肢稍微調正位置，身體邊緣以藏針縫縫合於袋身固定。

10 步驟8頭部耳朵側面與步驟4頭部邊緣縫合，即完成立體摺疊袋子製作。（眼睛部位也可以在縫合鼻子時，完成縫合。）

特別技巧 II：
束口部分製作

示範作品 → P.41

魚束口包

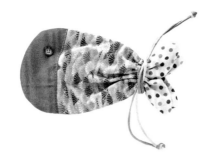

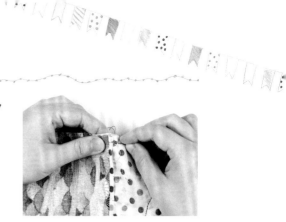

01 將各部片拼接成前、後表布。

02 再剪兩片尺寸同前、後表布的裡
布，各自與前、後表布正面相
對，縫合魚鰭部位（兩側接近魚
身1cm處不縫）。

03 魚鰭縫份部位修為0.5cm後，修
剪牙口。

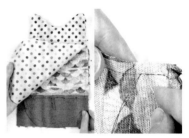

04 前、後表布正面相對。側身以回
針縫縫合（不要縫到裡布）。

05 步驟4縫份修為0.5cm後，並修
剪牙口。

06 裡布正面相對，側身以回針縫縫
合（不要縫到表布），側身留一
返口。

07 從返口處翻回正面後，裡布返口
處縫合。

08 裡布放入表袋內。

9 分別將步驟2留的1cm上、下緣
處，表、裡布一起整圈以平針縫
壓線縫合。

10 剪兩段繩子，分別從袋兩側1cm
洞口處，穿一圈出來。繩子交會
於同一邊後，前端打結固定，即
完成（結處也可以另外包覆布片
裝飾）。

基礎縫法&用語

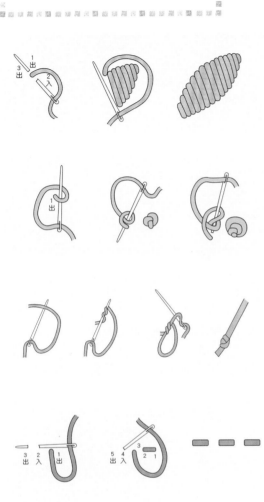

◎緞紋繡

從圖紋背面起針,從1出針,再從2入3出針,依此順序重覆,盡量使線與線之間沒有縫隙,以同一方向的針路,將圖紋填滿。

◎結粒繡

針自背面1出針,將所有的線拉到底,線在針上纏繞一圈,將纏繞了線的針插回一開始出針的洞口附近(越靠近越好,但不要插回同一個洞),針先不要整個穿過布面。先以左手將線拉緊,再將針完全穿過洞口至背面。若顆粒想要大顆一些,可以在一開始多繞幾圈。

◎打結

通常用於結尾收針,拿起線置於針頭後端。將線以順時針方向繞三至四圈。以手指捏住線圈並往上拉,直至到底,即完成打結。

◎平針縫

針線從1出針,穿入2從3出針。以相同方法繼續,4入5出,線距相同,而線距大於針距,完成如圖。

◎回針縫

針線從1出針,穿入2從3出針。從4(即為上圖之2)出針,穿入5再出針。

◎輪廓繡

針線從1出針,2入針,再從近1~2之間的3出針。於4入針後,自5出針。以相同方法繼續縫,輪廓繡即完成。

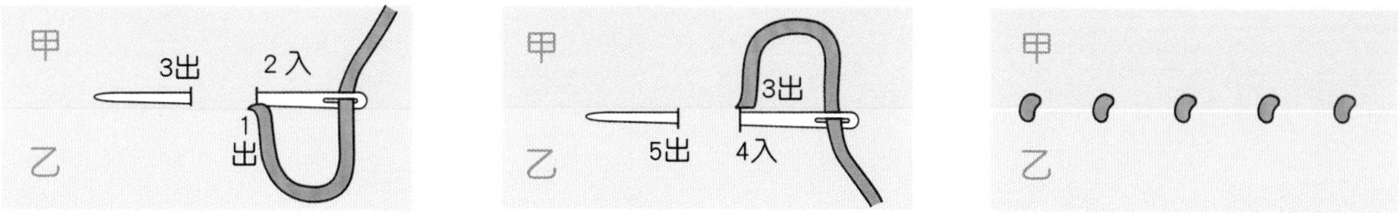

◎藏針縫

藏針縫主要用於甲、乙縫合時。從乙的摺縫穿出（1出），自相對方向穿入甲（2入），穿過甲約0.3cm（3出）。同上，相對方向穿入乙摺縫處（4入），穿過乙約0.3cm（5出），重覆步驟，所以針線的走向圖是∪∩∪∩（∪∩間是連在一起的），縫完時要記得拉緊，就看不到縫線喔！

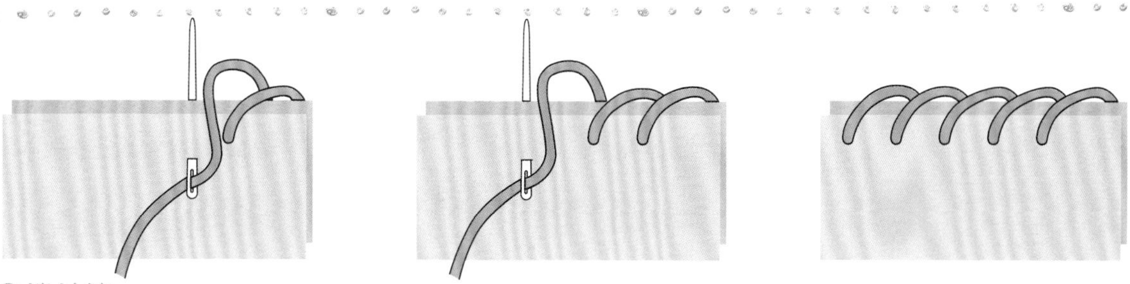

◎捲針縫

從兩片布之間入針（把線頭藏在布之間），穿到表布（1出），從側面繞到另一塊的表面入針（2入）回另一塊的表面（3出）。一直重覆相同方向的入針（4入）、出針（5出）。側面看起來呈環狀。

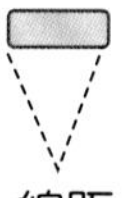

◎針距

表面縫線與縫線之間的距離。

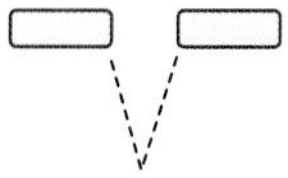

◎線距

一段縫線的長度。

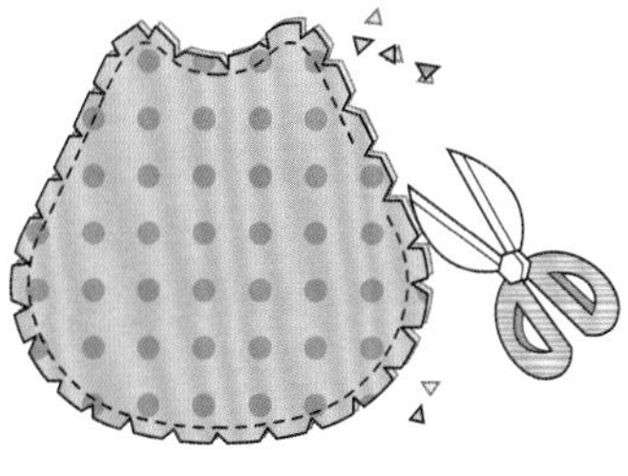

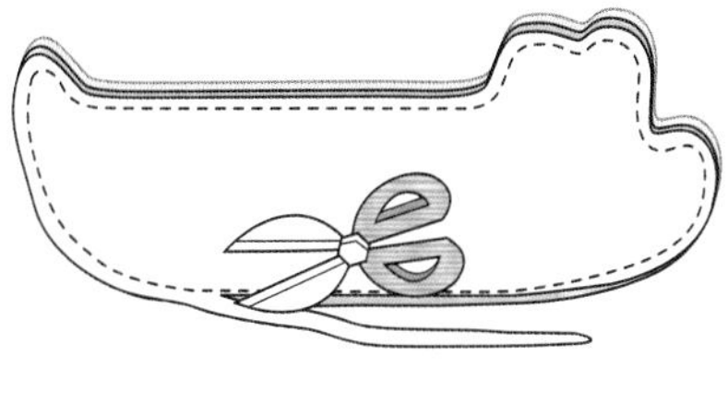

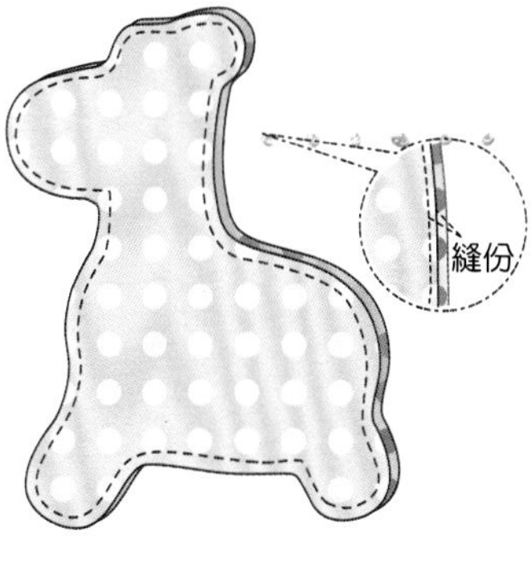

◎牙口

在布的縫份外緣剪的小缺口稱為牙口，通常會在布角或是弧度處剪牙口，讓翻回正面的作品弧度較為平整。

◎修棉

縫合完成後，將多餘的鋪棉修剪，以防作品翻回正面的邊緣太厚。

◎縫份

在所需要的布塊實際尺寸以外，為縫合而多留的寬度，通常為1至2cm，依作品而定。（本書以0.5～1cm為主）

◎裁布說明

裁布的縫份尺寸統一設定為外加1cm計算，為使讀者方便計算布料尺寸，尾數0.5cm直接進1位為需要的布料尺寸。

吉利猴鑰匙包 紙型A面 P.08

★ 材料

表布（咖啡色）12×32cm	粉紅色屁股5×9 cm
裡布12×27 cm	繩子35 cm
鋪棉12×32 cm	釦子×1
【各部位用布】	鏤空片×1
猴子臉部＋鼻子10×18 cm	鑰匙環×1
香蕉4×6 cm	珠珠×2
香蕉梗3×4 cm	

★ 製作方法

1 表布與裡布正面相對，底部放置鋪棉，畫出猴子鑰匙包身形與耳朵的外框，以回針縫縫合，並留返口。

2 外加縫份0.5 cm剪下，修剪鋪棉並剪牙口，從返口處翻回正面，返口處以藏針縫收口，備用。

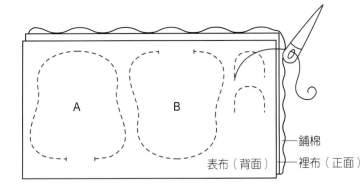

鋪棉
表布（背面）　裡布（正面）

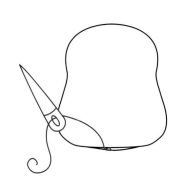

3 素色表布正面對摺，底部放置鋪棉，表布裡各畫上猴子嘴巴、手等外框，以回針縫將外框全部縫合。

4 外加縫份0.5cm剪下，修剪鋪棉並剪牙口，從步驟3表布背面處開返口，翻回正面，備用。

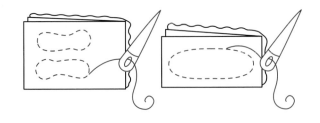

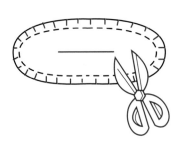

5 將步驟1的A猴子形表面，以貼布縫縫上臉部及香蕉布片。

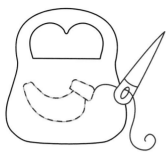

6 步驟4嘴巴及雙手以藏針縫縫於如圖相對位置，並繡上鼻子及嘴形。

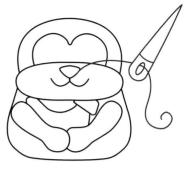

7 在步驟1的B猴形布面上，將猴子屁股外形貼布縫於下端。

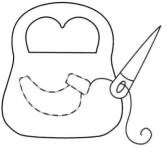

8 取步驟6.7背面相對，將耳朵夾於兩頰側，頂端留1cm繩子及下端鑰匙處，其餘以藏針縫縫合。

9 繩子對摺，從頂端洞口穿入，如圖。

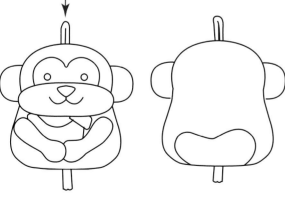

10 繩子頂端縫上裝飾鈕，下端縫上鑰匙圈，最後在鑰匙圈上端壓入鏤空片裝飾，即完成猴子鑰匙包，參照此作法，作出其他生肖動物吧！

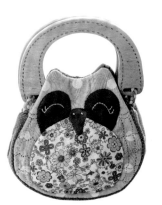

貓頭鷹手拿包 /紙型B面 P.90

★ 材料

表布23×46 cm	貓頭鷹嘴巴6×10 cm
側身布12×45 cm	貓頭鷹肚子17×30 cm
裡布35×46 cm	木質手把×2
鋪棉46×62 cm	漸層繩子144cm
【各部位用布】	磁釦×1
貓頭鷹眼睛14×18 cm	

★ 製作方法

1　表布背面畫上21×21cm的貓頭鷹前、後片，與裡布正面相對，底部
　　放置鋪棉，沿著貓頭鷹外框進行回針縫，留返口，外加縫份0.5cm剪
　　下，修剪鋪棉並剪牙口，從返口處翻正面。

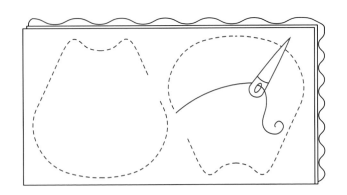

2　側身布：裁剪45×11.5cm側身布，與裡布正面相對，底部放置鋪棉，
　　上下側以回針縫縫合。

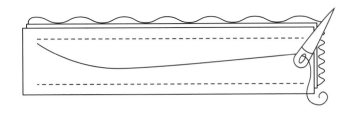

3　貓頭鷹眼睛：表布背面畫5×7cm貓眼形，與裡布正面相對，底部放置
　　鋪棉，以回針縫縫合，外加縫份0.5cm剪下，修剪鋪棉並剪牙口，從
　　返口處翻至正面，返口收合，完成兩個貓頭鷹眼睛。

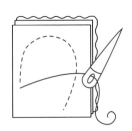

4 同步驟3作法製作貓頭鷹的嘴巴、肚子，分別將各部位置於步驟1表面，以藏針縫縫合，如圖。

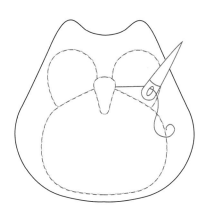

5 貓頭鷹前後身片部位壓線出羽毛狀，眼部繡出眼紋。

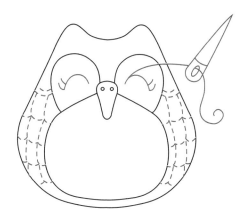

6 取三條漸層線，以辮子方式編織為10cm長，共製作4條。

7 將側身布與袋身前、後片的側身縫合，步驟6穿入提把對摺，下端分別置入兩側身布返口內固定。

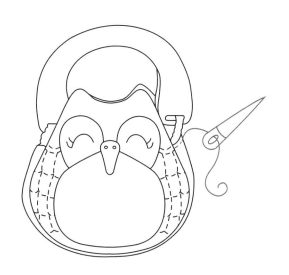

8 袋身上端內縫上磁釦，即完成。

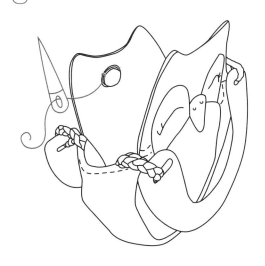

貓頭鷹兩用背包 紙型B面 P.12

★ 材料

表布52×68 cm	D型環×6
裡布52×68 cm	織帶200cm
鋪棉74×82 cm	18吋（45.5 cm）拉鍊×1
【各部位用布】	日型環×2
貓頭鷹眼睛24×29 cm	開口釦環×3
貓頭鷹嘴巴10×18 cm	口型環×1
貓頭鷹肚子28×48 cm	

★ 製作方法

1 表布裡畫上袋身前、後片，與裡布正面相對，底部放置鋪棉，三層以回針縫縫出外框型，留返口；外加縫份0.5cm剪下，修剪鋪棉並剪牙口，從返口處翻回正面，返口收合。

2 貓頭鷹眼睛：表布裡畫出貓頭鷹眼睛外框，與裡布正面相對，底部放置鋪棉，沿著眼睛外框以回針縫縫合，外加縫份0.5cm剪下，修剪鋪棉並剪牙口，由表布背面開返口洞，從返口處翻回正面。

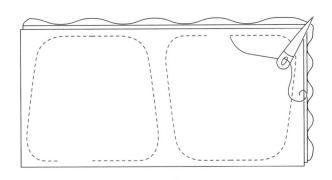

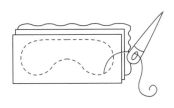

3 步驟2置於步驟1表面眼睛位置，邊緣以藏針縫縫合（眼布有開洞的返口處為背面）。

4 同步驟1方式製作出前袋，置於步驟3表面，沿著袋側邊緣縫合固定於前表布，眼部繡上眼紋。

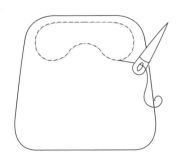

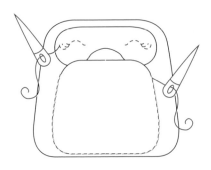

5 同步驟1作法製作貓頭鷹嘴巴，嘴巴上緣固定於前面表布上後，嘴巴背面與前袋分別縫上公母磁釦，如圖。

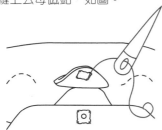

7 拉鍊側身布：裁剪表布、裡布4.5×43cm正面相對，底部放置鋪棉，上下邊以回針縫縫合，修剪鋪棉並剪牙口，從返口處翻回正面，完成兩片。

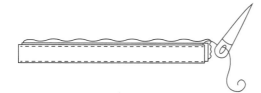

9 裁剪寬3cm的織帶長5cm共五條，分別包覆D型環，其中兩個分別先稍固定於步驟8拉鍊兩側後，整個拉鍊布片兩側，與步驟6接合呈環狀。

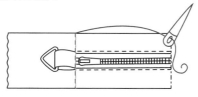

10 織帶包覆D型環稍固定於後片布背面上下兩側後，與步驟9側身環狀定位好後，以藏針縫縫合。

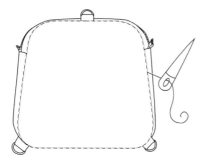

6 裁剪側身布條：裁剪表布9×82cm，與相同尺寸裡布正面相對，底部放置鋪棉，上下邊以回針縫縫合，修剪鋪棉並剪牙口，從返口處翻回正面。

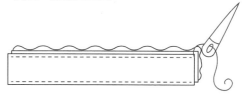

8 步驟7側身布片分別置於拉鍊兩側，以平針縫縫合固定。

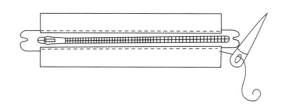

11 另一面側身布與前片布定位好後，縫合固定，利用約165cm長度的織帶製作兩用背繩（可依個人需求調整長度）即完成。

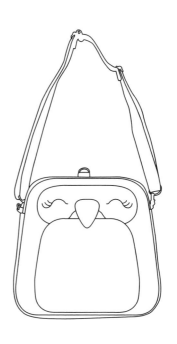

俏皮狼手機包 紙型B面 P.14

★ 材料

表布＋裡布	鬃毛＋尾巴20×24cm
【各部位用布】	繡線
狼深灰色部分17×35cm	暗釦×1
眼睛＋牙齒7×9cm	

★ 製作方法

1 狼表布畫上臉部外框，挖出眼睛、嘴巴洞後，縫上眼睛、牙齒布，並繡上尖牙。

2 步驟1外加縫份0.5cm剪下，與同尺寸裡布正面相對，底部放置鋪棉，邊緣以回針縫縫合，並留返口。

3 修剪鋪棉並剪牙口，從返口處翻回正面，返口收合，並於臉表面繡上眼珠、鼻子。

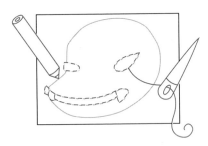

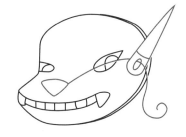

4 取內耳表布，畫上耳朵外框，取深灰色布貼布縫於內耳表面為外耳部位，整個邊緣外加縫份0.5cm剪下。

5 取同步驟4尺寸的深灰色布，與表布正面相對，底部放置鋪棉，沿著實際尺寸以回針縫縫合，並留返口處。

6 修剪鋪棉並剪牙口，從返口處翻回正面，返口往內摺以藏針縫收口，相同作法製作另一耳朵。

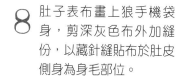

7 分別將步驟6左右兩耳,以藏針縫縫於步驟3的臉部兩側上端。

8 肚子表布畫上狼手機袋身,剪深灰色布外加縫份,以藏針縫貼布於肚皮側身為身毛部位。

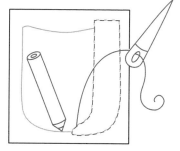

9 步驟8外加縫份0.5cm剪下,與同尺寸裡布正面相對,底部放置鋪棉,以回針縫縫合邊緣,留返口,修剪鋪棉並剪牙口,從返口處翻至正面,返口縫合。

10 手機袋後片布以相同方法製作,將表布、深灰色布、鋪棉三層重疊,外框進行回針縫,修剪鋪棉並剪牙口,從返口處翻回正面,返口縫合。

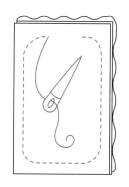

11 深灰色布對摺,底部放置鋪棉,表布裡畫上狼手、腳外框後,沿著外框以回針縫縫合,修剪鋪棉並剪牙口,返口處翻至正面(手一面開洞,翻回正面,開洞處為手的背面)。

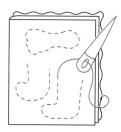

12 將步驟9.10背面相對,下緣對齊後,ㄩ型側身以藏針縫縫合。將狼腳返口縫合,固定於袋底,手以藏針縫縫合於袋面。

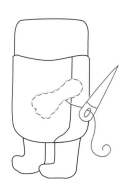

13 取步驟7、12,如圖重疊,袋身上緣與狼頭背面以藏針縫縫合固定。

14 尾巴:毛質布正面相對,沿著尾巴外框邊緣縫合,留返口,外加縫份0.5cm剪下,剪牙口翻回正面,返口收合,以藏針縫縫合於步驟13側身。鬃毛:裁剪毛質布,以藏針縫縫於狼頭頂的兩耳之間,手腳繡出指紋,最後在袋口相對位置縫上暗釦即完成。

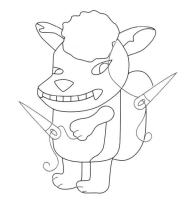

松鼠餐具包 紙型B面 P.96

★ 材料

表布22×26cm	牙齒:不織布(白色)2×2cm
裡布26×44cm	格子圍巾8×28cm
鋪棉30×50cm	袖子6×10cm
【各部位用布】	栗子蓋5×6cm
素布(淡鉻黃色)15×20cm	栗子果5×6cm
松鼠鼻子4×6cm	繡線
腮紅+內耳5×10cm	暗釦×1
鬃毛+尾巴11×15cm	釦子×2
松鼠衣服9×20cm	咖啡色壓克力顏料、畫筆

★ 製作方法

1 松鼠臉部:淡鉻黃素色布表面畫上松鼠臉部外形,以貼布縫縫上松鼠鬃毛外形,表布沿著臉外框加0.5cm剪下,即為臉部表布。

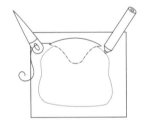

2 剪同步驟1表布尺寸的裡布與鋪棉,表、裡布正面相對,表布底部放置鋪棉,內外縮至0.5cm處回針縫合,修剪鋪棉並剪牙口,從裡布剪返口,從返口處翻回正面。

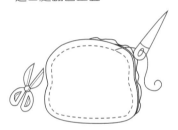

3 取同松鼠臉部的素色表布,兩片表布正面相對,底部放置鋪棉,畫出松鼠耳朵、手、腳外框,以回針縫縫合,留返口,修剪鋪棉並剪牙口,從返口處翻回正面。

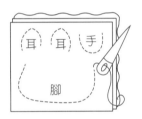

4 松鼠袖子:兩片表布正面相對,底部放置鋪棉,沿著袖子整個外框,以回針縫縫合,如圖。

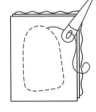

5 袖子外加縫份0.5cm剪下,修剪鋪棉並剪牙口,其中一片表布背面剪一返口洞(此面作為袖底面),從返口處翻回正面,備用。

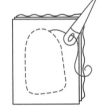

6 步驟A至E圖:分別取松鼠尾巴、圍巾、腮紅、鼻子、身體的各片表布2片,表布正面相對,底部放置鋪棉,沿著外框縫合,如圖,外加縫份0.5cm剪下,修剪鋪棉並剪牙口,從返口處翻回正面(其中一片圍巾B1、D鼻子表布從一片表布裡剪一返口洞(此面為底面),翻回正面)。

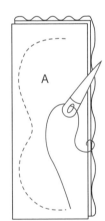
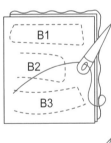
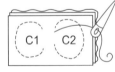

7 裁剪餐具包裡布22×25.5cm，再剪一片分隔袋布22×25cm，背面相對對摺，置於餐具包裡布下端，壓出放置餐具的分隔線（可依個人需求，壓出需要的分隔尺寸）。

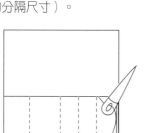

8 裁剪同尺寸餐具包表布，表布與步驟7裡布正面相對，一側夾入圍巾B3，以回針縫縫合，留返口，從返口處翻回正面。

9 取步驟3松鼠耳朵部分，貼布上內耳朵，備用。

10 以白色不織布剪出松鼠前齒外形，備用。

11 分別將松鼠各部，由1至8的順序，縫於步驟8表布右半1／2處。

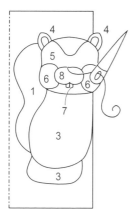

12 繡出鼻子、尾巴、腳線裝飾。

13 剪栗子果、栗子蓋的表布，貼布縫於松鼠身體表面。

14 步驟5袖子前端壓縫上步驟3手部，以藏針縫縫於松鼠身體，手的表面繡出指紋，並於臉表面縫上釦子眼睛。最後縫上圍巾及暗釦，並於鬃毛及尾巴處，以壓克力顏料畫上紋路。

花栗鼠鑰匙包 紙型B面 P.13

★ 材料

表布14×26 cm	栗子蓋4×5 cm
裡布14×26 cm	滾邊條35cm
鋪棉14×26 cm	繡線
【各部位用布】	14吋（35.5 cm）拉鍊×1
素布（黃咖啡色）8×30 cm	金屬環×1
鬃毛＋尾巴5×11 cm	鑰匙圈×5
栗子果5×5 cm	珠珠×2

★ 製作方法

1　表布對摺，以回針縫縫出兩耳及手部，剪縫份牙口，（手一側開洞）翻回正面。

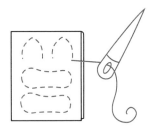

2　將步驟1耳朵置於鑰匙包表布，貼布縫上尾巴及黃咖啡色頭身素布。

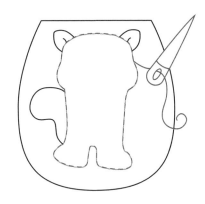

3　相同作法將松鼠鬃毛、栗子、栗子蓋，以貼布縫方式縫合。

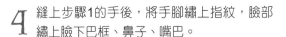
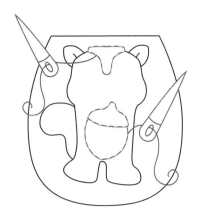

4　縫上步驟1的手後，將手腳繡上指紋，臉部繡上臉下巴框、鼻子、嘴巴。

5 表布底部放置鋪棉，表布與裡布正面相對，上端回針縫合。

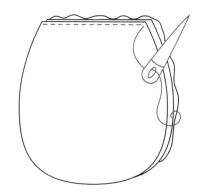

6 將裡布翻至最後一層，側身滾邊條收邊，表面壓線裝飾，依步驟5至6製作後片布。

7 將前、後片布背面相對，上端以藏針縫縫合。

8 將金屬環放入，側身縫上拉鍊。

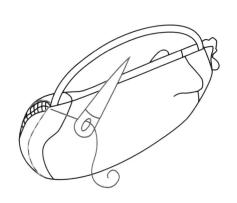

9 拉鍊內側以捲針縫縫於裡布表面。

10 鑰匙包完成。

狐狸零錢包 紙型B面 P.25

★ 材料

表布12×15 cm	狐狸鼻頭4×10 cm
裡布12×30 cm	狐狸腮紅6×14 cm
鋪棉15×34 cm	繡線
【各部位用布】	6吋(15.2 cm)拉鍊×1
素布(紅色)15×32 cm	

★ 製作方法

1 裁剪零錢包表布,以貼布縫縫上腮紅與紅色素色布鼻子的動態感。

2 鼻頭:將布對摺,底部放置鋪棉,沿著鼻頭橢圓形邊緣縫合,修棉剪牙口,從表布開洞,翻回正面。

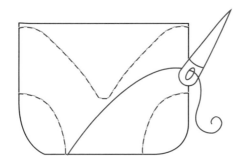

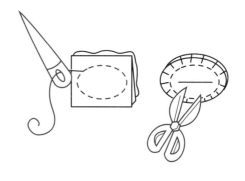

3 開洞處放置背面,邊緣以藏針縫縫合於步驟1鼻子前端。

4 表布底部放置鋪棉,繡出眼睛的動態感。

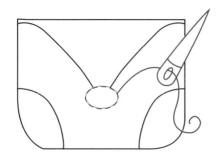

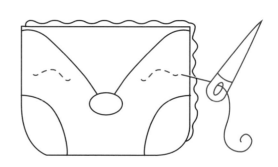

5 耳朵、尾巴：紅色素布正面對摺，底部放置鋪棉，以回針縫縫出左右兩耳朵以及尾巴外形。

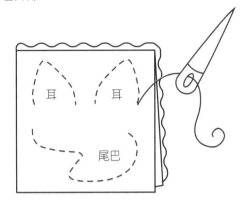

6 步驟5修剪鋪棉並剪牙口，從返口處翻回正面，返口縫合。

7 尾巴尾端繡出狐狸尾巴層次。

8 參考P56製作拉鍊帶製作。包口與拉鍊交界處，以藏針縫縫上左右耳朵，並縫合側身的狐狸尾巴。

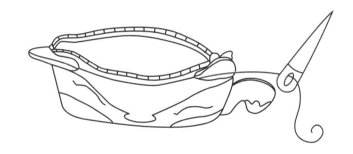

9 即完成狐狸零錢包。

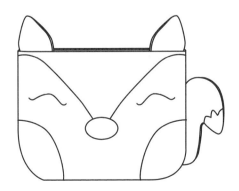

獅子王腰包 / 紙型B面 P.22

★ 材料

表布＋裡布42×45 cm	繡線
鋪棉38×46 cm	9吋（22.8cm）拉鍊×1
【各部位用布】	135cm織帶
咖啡鬃毛34×52 cm	塑膠插釦×1
獅子鼻子8×12 cm	釦子×2
獅子腮10×12 cm	帶尾夾×1

★ 製作方法

1 獅子鬃毛：咖啡色表布背面畫上鬃毛各片的外框，兩片表布正面相對，底部放置鋪棉，以回針縫縫合。

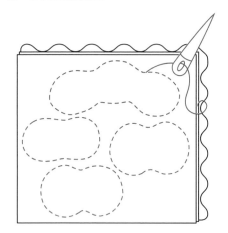

2 步驟1外加縫份0.5cm剪下，修剪鋪棉並剪牙口，一片表布背面開一返口，從返口處翻回正面（要注意開返口的位置，必須可以與臉部重疊蓋住，以免返口外露而不美觀）。

3 翻回正面後，洞口以捲針縫稍縫合，表面壓出鬃毛弧度動態裝飾。

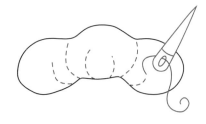

4 分別取臉部、後腦部、鼻子、腮表布，表布背面畫上各部外框；表布、裡布、鋪棉三層重疊，沿著外框以回針縫縫合，同步驟2方式開洞（臉部返口洞開在鬃毛可蓋的到的位置，後腦片外框縫合時預留返口）。

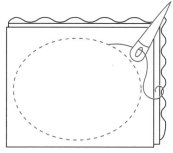

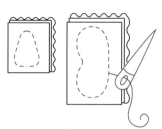

5 臉部表面縫上鼻子、腮、釦子眼睛後，繡上如圖紋。

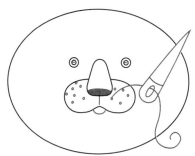

6 步驟3鬃毛定位於臉部外圈，以藏針縫縫合。

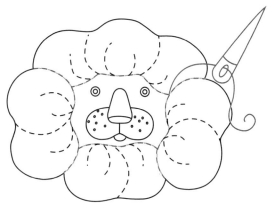

7 裁剪8×37cm側身布，表布、裡布正面相對，底部放置鋪棉，上下側以回針縫縫合，修剪鋪棉並剪牙口，從返口處翻回正面，表面壓線裝飾。

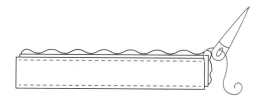

8 剪4×21cm拉鍊側身表、裡布、鋪棉各兩片，取一側身表布與裡布正面相對，底部放置鋪棉，側身兩邊緣以回針縫縫合，修剪鋪棉，布條翻為正面，另一側身布以相同方式製作，完成拉鍊兩側身布。

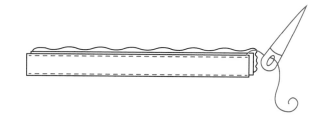

9 將步驟8拉鍊兩側布邊，置於拉鍊兩側，以平針縫壓線裝飾，如圖。

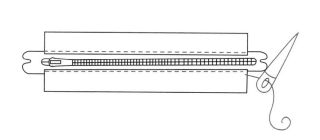

10 步驟7與步驟9短邊接合，呈環狀。

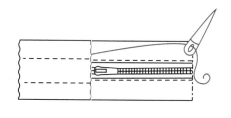

11　分別將步驟6臉部、後腦布與步驟10
環狀側身布定位，交接處以藏針縫
縫合固定。

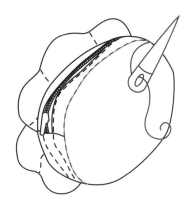

12　裁剪6×13cm表布、裡布，表布及裡布正面相
對，底部放置鋪棉，邊緣以回針縫縫合，修剪
鋪棉並剪牙口，從返口處翻回正面。

13　步驟12定位於步驟11後腦部表面，上
下側以藏針縫縫合固定。

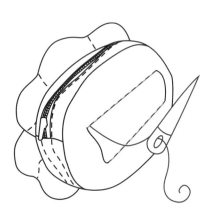

14　將腰帶穿過步驟13（可依個人需求，剪為大
人或是小朋友腰圍尺寸的長度），在腰帶固
定上塑膠插釦即完成。

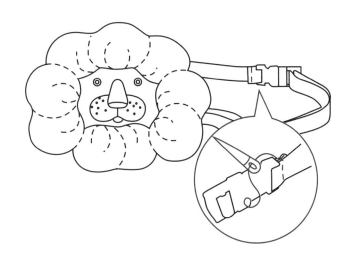

金錢鼠零錢包 紙型A面 P.43

★ 材料

表布21×28cm	內耳布5×10cm
裡布13×28cm	繡線
鋪棉21×28cm	7吋（17.8 cm）拉鍊×1

★ 製作方法

1 表布裡畫上金鼠的左、右臉，以及兩耳朵的外框，與另一片表布正面相對，底部放置鋪棉，以回針縫縫合。

返口　　　返口

2 步驟1外加縫份0.5cm剪下，修剪鋪棉並剪牙口，從返口處翻回正面。

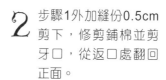

3 剪內耳朵貼布於耳朵表面，返口縫合。

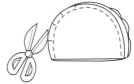

4 臉表面繡上眼睛、鼻子、嘴巴、鬍鬚，並將牙齒繡在嘴巴下緣。。

5 將耳朵稍固定於前片臉上端，以藏針縫將前、後片兩側縫合。

6 拉鍊縫於開口處固定，拉鍊另一側，以捲針縫縫合於裡袋表面，完成！

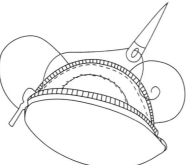

河馬媽媽化妝包 紙型A面 P.26

★ 材料

表布24×96 cm	眼白+牙齒:不織布(白色)6×6 cm
裡布24×96 cm	眼睛:不織布(咖啡色)3×4 cm
鋪棉23×86 cm	鼻孔:不織布(紅紫色)2×4 cm
【各部位用布】	內耳:不織布(紫色)3×5 cm
河馬頭部+耳朵+腳14×27 cm	繡線
鼻子6×26 cm	20吋(50 cm)拉鍊×1

★ 製作方法

1 裁剪側身表布、裡布、鋪棉14×56cm,表布與裡布正面相對,底部放置鋪棉,如圖以回針縫,縫ㄈ字形框邊,修剪鋪棉並剪牙口,從返口處翻回正面。

2 裁剪底部為14×20.5cm的橢圓形表布、裡布:表布與裡布正面相對,底部放置同尺寸鋪棉,以回針縫縫合,並留返口,修剪鋪棉並剪牙口,從返口處翻回正面,縫合返口。

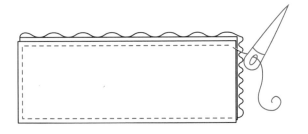

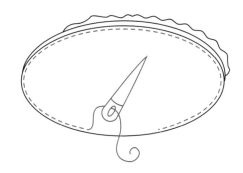

3 步驟2底部進行橢圓形壓線,備用,相同作法作出邊緣略大1.5cm的上蓋,壓線完成。(上蓋返口處先留著,準備與步驟8一起收口)

4 河馬臉部、耳朵、腳:取2片表布正面相對,底部放置鋪棉,畫出河馬臉、耳朵、腳各部位,以回針縫縫合,外加縫份0.5cm剪下,修剪鋪棉並剪牙口,從返口處翻回正面(腳由表布背面剪返口翻至正面,此面作為腳部背面)。

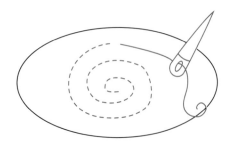

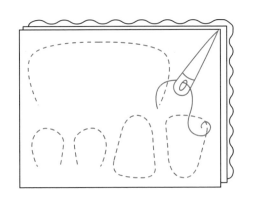

5 分別以不織布剪眼白、眼球、內耳朵外框，
縫於河馬臉部及耳朵的相對位置。

6 河馬鼻子：2片表布正面相對，底部放置鋪
棉，沿著河馬鼻子外框，以回針縫縫合，外
加縫份0.5cm剪下，修剪鋪棉並剪牙口，由
表布背面剪返口翻至正面。

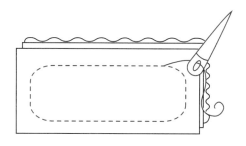

7 步驟1及3以藏針縫縫合為如圖橢圓柱狀。

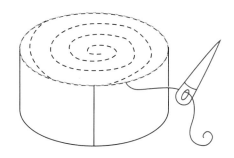

8 裁剪9×14cm襯布兩片，取一片襯布於左、
右、下端，分別往內摺0.5cm，蓋於步驟7
的側身布裡層的交界處，以藏針縫縫合，上
端縫份處放入上蓋返口處，縫合。

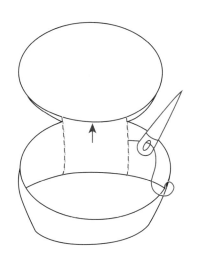

9 上蓋與側身布之間縫上拉鍊，將步驟8另一
片襯布，分別於左、右、上、下端往內摺
0.5cm後，以藏針縫縫於表面側身布交界
處，並將整圈側身布壓線裝飾。

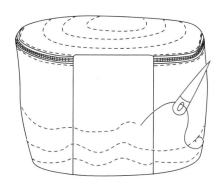

10 臉的各部位組合後，將臉部、腳以藏針縫縫
於表面襯布的上、兩側端即完成。

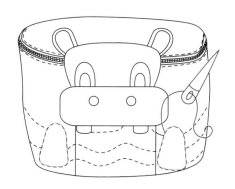

老虎斜背口金包 紙型A面 P.24

★ 材料

表布23×28 cm	腮10×10 cm
裡布15×28 cm	肚子＋內耳6×10 cm
鋪棉20×28 cm	虎紋13×14 cm
【各部位用布】	牙齒：不織布（白色）2×4 cm
眼白4×8 cm	繡線
眼睛4×8 cm	鍊子120cm
鼻子6×8 cm	10cm口金
鼻頭4×4 cm	

★ 製作方法

1 在表布表面畫上老虎臉部外框，於相對位置貼布縫上老虎眼睛、斑紋。

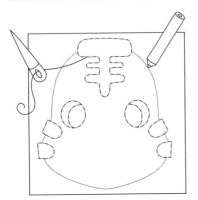

2 步驟1外加縫份0.5cm剪下，與另一片同尺寸的裡布正面相對，底部放置鋪棉，沿著實際框邊以回針縫縫合，並留返口。

3 步驟2修剪鋪棉並剪牙口，從返口處翻回正面後，返口以藏針縫縫合，相同方式製作另一片後腦布，返口處縫合，備用。

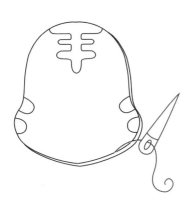

4 鼻子：同步驟1，取鼻子表布A表面畫上鼻子外框，以藏針縫貼布上鼻尖色塊。

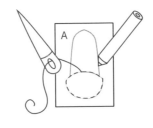

5 步驟4外加縫份0.5cm剪下，另外剪同尺寸表布B，兩片布正面相對，A底部放置鋪棉，沿著實際尺寸以回針縫縫合，修剪鋪棉並剪牙口，從表布B剪返口，翻回正面備用。

6　虎腮：剪虎腮素色表布兩片，正面相對，底部放置鋪棉，沿著實際外框以回針縫縫合，同步驟5，修剪鋪棉並剪牙口，從背面剪返口翻至正面（此面作為虎腮的背面）。

7　裁剪不織布虎牙後，連同步驟5.6部位，縫合於步驟2虎臉表面。

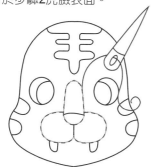

8　於臉部表面以結粒繡、輪廓繡繡上紋路，如圖示。

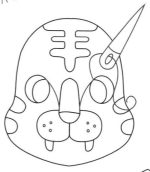

9　表布對摺後，在背面畫上耳朵、身體外框，沿著外框以回針縫縫合，留返口，外加縫份0.5cm剪下，剪牙口後從返口處翻回正面。

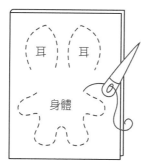

耳　耳

身體

10　裁剪內耳朵、肚皮表布，分別貼布縫於耳朵部位及身體表面。

11　在身體裡面均勻塞棉，以藏針縫將返口處收合。

12　將虎頭前、後表布背面相對，耳朵及身體夾於頭部之間縫合，如圖。

13　將口金組合於袋口即完成。

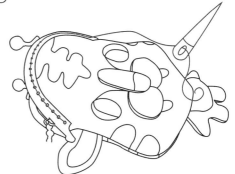

大眼熊摺疊隨身包 紙型B面 P.20

★ 材料

表布41×76cm	熊衣服6×36cm
裡布41×76cm	眼白：不織布（白色）5×20cm
【各部位用布】	鼻頭：不織布（咖啡色）3×6cm
熊頭四肢表布＋裡布38×39cm	繡線
熊鼻子9×16cm	釦子×4
熊內耳8×8cm	

口袋作法請參考P.58

★ 製作方法

1 依紙型剪出前、後袋表布、裡布各2片。

2 表布、裡布正面相對，邊緣以回針縫縫合，並留返口。

3 剪牙口，從返口翻回正面，提袋處以藏針縫縫合。

4 相同作法完成後片表布，將前、後袋背面相對，側身以藏針縫縫合。

5 口袋請參考P.58製作。

6 臉部眼睛、鼻子：不織布剪眼白、鼻子部位，以平針縫縫合，眼睛上面縫上釦子，並繡出嘴巴動態感即完成。

鱷魚筆袋 紙型B面 P.28

★ 材料

表布28×34 cm	鱷魚眼白4×8 cm
裡布22×28 cm	鱷魚眼珠4×8 cm
鋪棉28×28cm	牙齒：不織布（白色）3×5 cm
【各部位用布】	繡線
肚子6×19 cm	7吋（17.8 cm）拉鍊×1

★ 製作方法

1 表布背面畫出鱷魚前、後片外框，以及腳部位後，前片布挖出眼睛洞，縫上眼白、眼珠，並於肚子位置以貼布縫縫上肚皮。

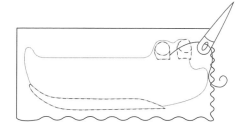

2 外加縫份0.5cm剪下，與裡布正面相對，底部放置鋪棉，沿著實際尺寸以回針縫縫合，修剪鋪棉並剪牙口，從返口處翻回正面，依相同作法完成後片布及腳部位，備用。

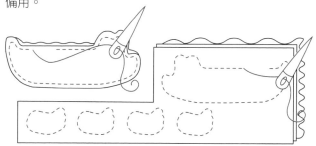

3 以不織布剪出鱷魚尖牙，將尖牙黏於步驟2前片布嘴巴位置。

4 於前片布臉部，繡上眼睛反光點、鼻孔及嘴形。

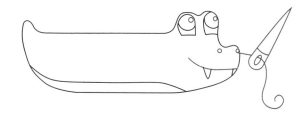

5 步驟4與後片布邊緣縫合，袋口縫上拉鍊。

6 分別將腳以藏針縫縫於身側即完成。

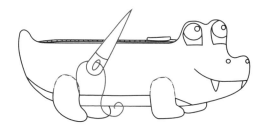

大嘴蛙面紙包 紙型B面 P.29

★ 材料

表布13×20cm	眼白：不織布（白色）4×8cm
裡布13×20cm	手＋腳：不織布（淺綠色）8×15cm
鋪棉13×20cm	王冠：不織布（銘黃色）4×8cm
【各部位用布】	嘴巴：不織布（紅色）6×13cm
眼睛：素布（綠色）10×12cm	繡線
肚子5×9cm	

★ 製作方法

1 裁剪表布、裡布、鋪棉13×20cm，布正面相對，底部放置鋪棉，邊緣以回針縫縫合，並留返口。

2 修剪鋪棉並剪牙口，從返口翻回正面，縫合返口，如圖摺為面紙袋形，兩側以藏針縫縫合。

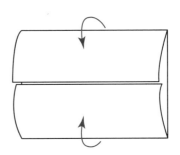

3 眼睛部分取兩片綠色素布正面相對，表布背面畫上眼睛外框，沿著外框以回針縫縫合，並留返口。

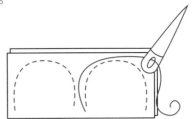

4 眼睛布外加縫份0.5cm剪下，剪牙口，從返口處翻回正面，以毛邊繡（∩字繡）縫上不織布眼白部位，並於眼白表面繡上眼睛紋路。

5 分別利用各色不織布，剪下各部位（為加強硬度，王冠及腿部分別各多剪一片，各共兩片）。

6 將兩片腳重疊，沿著邊緣壓線（可以平針縫或是毛邊繡縫合），相同作法製作另一腳及王冠。

7 於步驟2中間交界處，分別以毛邊繡縫合上、下嘴唇，下緣以貼布縫縫上肚皮部分。

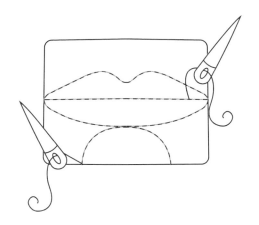

8 面紙袋兩側下緣縫上步驟6的左右兩腳後，在肚子表面兩端縫上手。

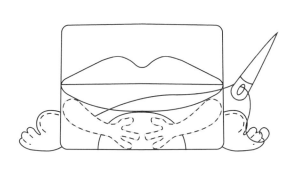

9 最後將眼睛及王冠置於上端，交界處以藏針縫縫合，繡上鼻子即完成。

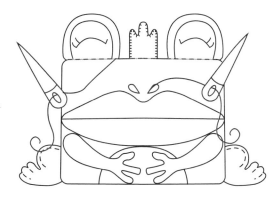

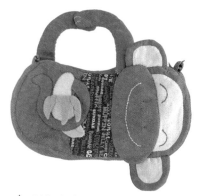

猴仔斜背包 / 紙型A面 P.30

★ 材料

表布55×65cm	香蕉皮：不織布（黃色）7×8cm
裡布44×55cm	香蕉內皮：不織布（淺黃咖啡色）6×7cm
鋪棉42×64cm	繡線
【各部位用布】	11吋（27.8cm）拉鍊×1
臉＋內耳（淺銘黃色）13×14cm	暗釦×1
猴子衣服11×15cm	背肩帶×1
香蕉：不織布（淺膚色）5×5cm	D型環×2

★ 製作方法

1 表布16×30cm表面以水消筆畫出袋身外框。

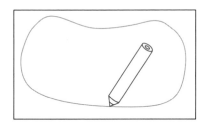

2 在步驟1範圍，以貼布縫縫上臉部及猴子衣服部分，如圖。

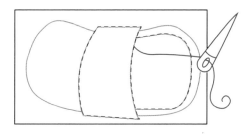

3 步驟2外加縫份0.5cm剪下，與同尺寸裡布正面相對，底部放置鋪棉，於實際尺寸處以回針縫縫合，並留返口，修剪鋪棉並剪牙口，從返口處翻回正面，備用。再製作同尺寸後片袋身。

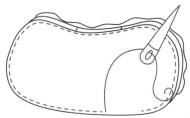

4 裁剪側身布7×55cm，表布、裡布正面相對，底部放置鋪棉，上下側身邊緣以回針縫縫合，修剪鋪棉並剪牙口，翻至正面。

5 裁剪袋身上緣4.5×25cm拉鍊側布，表布、裡布相對，底部放置鋪棉，與步驟4方式縫合，完成2條。

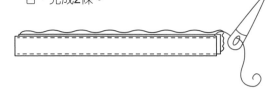

6 取11吋（約27.8cm）的拉鍊，拉鍊兩側分別縫上步驟5側布。

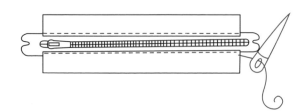

7 剪4×5.5cm表布，表布、裡布正面相對，兩側身以回針縫縫合，從返口處翻回正面，穿入D型環，完成2個。

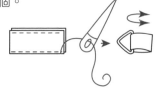

8　步驟7稍固定於步驟6兩側，與步驟4接合為環狀，備用。

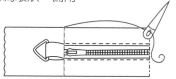

9　表布背面畫上手、耳朵、嘴巴、尾巴各部位，表布、裡布正面相對，底部放置鋪棉，沿著各部外框以回針縫縫合。

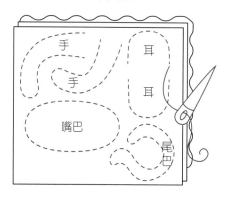

手　　耳
手　　耳
嘴巴　　尾巴

10　分別將步驟9各部外加縫份0.5cm剪下，修剪鋪棉並剪牙口，從返口處翻回正面；猴子耳朵：剪內耳朵布，貼布於耳朵表面後，返口處縫合。

11　將耳朵、一手稍固定於步驟3袋身背面，步驟8沿著袋身邊緣定位完成後，以藏針縫縫合一圈。

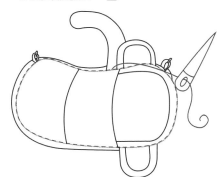

12　後片袋身布也與步驟11側身布定位後，後袋身與側身之間夾入另一隻手，整圈以藏針縫縫合固定，如圖。

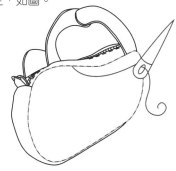

13　以不織布剪香蕉狀後，置於尾巴環內，整個放在前片袋身的預定尾巴位置後，縫合固定於袋身表面。

14　臉部繡上眼睛、嘴巴、鼻洞，手繡上指紋。

15　兩手前端重疊的相對位置，縫上暗釦固定，D型環扣上背帶即完成。

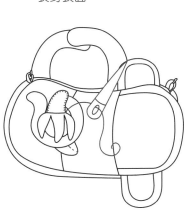

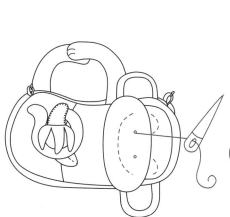

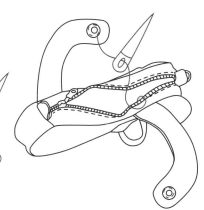

大象針線工具包 <u>紙型A面</u> P.32

★ 材料

表布22×44cm	筆插13×18cm
裡布22×33cm	填充棉
鋪棉47×65cm	釦子×2
【各部位用布】	白色壓克力顏料
耳朵＋鼻子（綠色素布）22×32cm	畫筆
針包10×13cm	20吋（50cm）拉鍊×1
剪刀插14×14cm	暗釦×1
尺插7×24cm	

★ 製作方法

1 素色剪刀插表布正面相對，底部放置鋪棉，於表布背面畫上剪刀大小袋外框，以回針縫縫合，並留返口。

2 外加縫份0.5cm剪下，修剪鋪棉並剪牙口，從返口處翻回，並以藏針縫縫合返口後，將小剪刀袋側身固定於大剪刀袋上端，表面繡上剪刀裝飾圖紋，如圖。

3 步驟1剩布剪3×7cm長條，四邊往內摺0.3cm後，背面對摺，三邊以平針縫壓線，備用。

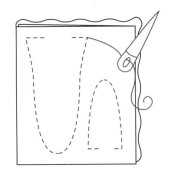

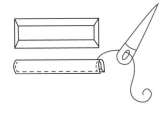

4 條紋表布與裡布正面相對，底部放置鋪棉，表布背面畫上工具包外框、口袋及袋蓋，以回針縫縫合並留返口，同步驟2作法各自修剪鋪棉並剪牙口，從返口處翻回，以藏針縫縫合返口，備用。

5 綠色素布正面相對，底部放置鋪棉，如圖縫大象耳朵及鼻子後，外加縫份0.5cm剪下，修剪鋪棉並剪牙口，一側表布背面剪返口翻回正面，返口洞開在與工具包表布可重疊蓋的到的位置。

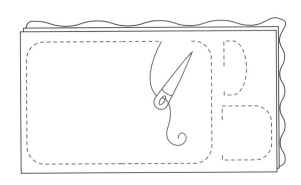

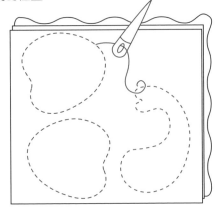

6 如圖將針插、置尺袋、工具分隔袋各片布，正面相對縫合，返口處翻回正面，備用。

針插

置尺袋

工具分隔袋

7 從針插返口處置入填充棉，呈現厚實狀後，返口以藏針縫縫合固定。

8 步驟4工具包袋部分，於背面的外框邊線內，縫合拉鍊，如圖。

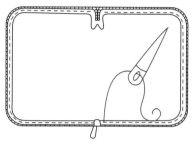
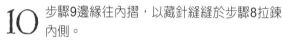

9 取22×33cm的裡布，各部位以藏針縫縫合於相對位置，如圖，並將工具分隔袋壓出工具放置範圍的分格線。

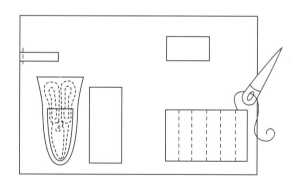

10 步驟9邊緣往內摺，以藏針縫縫於步驟8拉鍊內側。

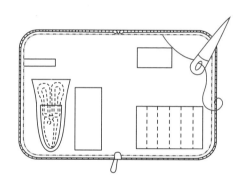
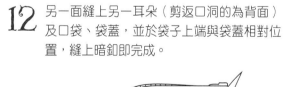

11 步驟10對摺合上，將耳朵（剪返口洞的為背面）、鼻子、釦子眼睛、腮紅各部位縫於袋面位置。

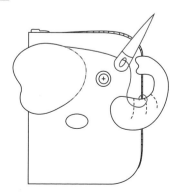

12 另一面縫上另一耳朵（剪返口洞的為背面）及口袋、袋蓋，並於袋子上端與袋蓋相對位置，縫上暗釦即完成。

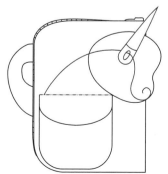

羊咩咩長夾 /紙型A面 P.34

★ 材料

表布27×30cm	填充棉
裡布23×151cm	繡線
【各部位用布】	9吋(22.8 cm)拉鍊×1
羊臉(麻布)8×9cm	珠珠×1
羊角(咖啡素布)14×14cm	

★ 製作方法

1 長夾口袋布A：摺為如圖尺寸階梯式口袋狀，備用。

2 長夾口袋布B：同步驟1摺階梯式口袋狀，備用。

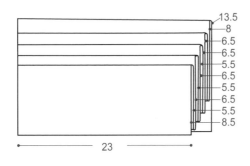

13.5
8
6.5
6.5
5.5
6.5
5.5
6.5
5.5
8.5

23

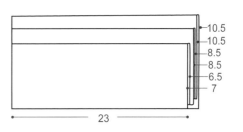

10.5
10.5
8.5
8.5
6.5
7

23

3 將步驟1及2各自壓口袋線後，分別置於拉鍊左右側，以平針縫壓線。

4 羊臉：兩片表布正面相對，表布背面畫上羊臉外框，以回針縫縫合，並留返口。

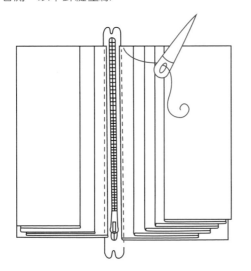

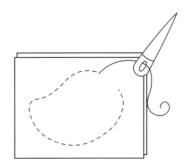

5 羊角：咖啡素色布兩片正面相對，表布背面
畫羊角外框，以回針縫縫合，留返口。

6 步驟5羊角布外加縫份0.5cm剪下，剪牙口，
從返口處翻回正面，塞入填充棉後，將返口
縫合。

7 如圖各部位以藏針縫縫於長夾表布一側後，
縫眼珠，繡上鼻子、嘴巴。另裁剪同一片表
布毛質感的6×8cm橢圓形布片，縫於頭頂處
作為羊鬃毛。

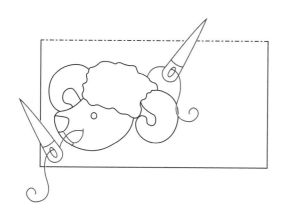

8 步驟3底部放置23×27cm裡布後，四邊的邊
緣疏縫固定。

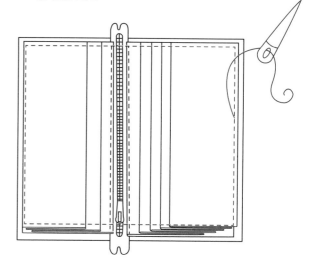

9 步驟7與8相對，邊緣以回針縫縫合，並留返
口處。

10 修剪牙口，從返口處翻回正面，返口以藏針
縫縫合即完成。

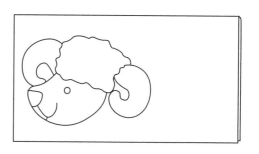

乳牛側背包 /紙型A面 P.36

★ 材料

素色表布45×60cm	繡線
鋪棉45×70cm	釦子×2
點點裡布45×82cm	磁釦×2
【各部位用布】	5吋(12.9cm)拉鍊×1
牛斑紋(格紋)24×33cm	黑色皮提把55cm×1
不織布(白色)3×4cm	

★ 製作方法

1 表布與裡布正面相對,底部放置鋪棉,表布背面畫上前後袋外框、口袋、側身布、牛腳各部位,以回針縫縫合,並留返口。

2 各部位外加縫份0.5cm剪下,修剪鋪棉並剪牙口,從返口處翻回正面,縫合返口後,將牛腳置於牛袋身前側底部與側身布之間,邊緣以藏針縫縫合,如圖。

3 口袋∪形側身以藏針縫縫於前袋表面。

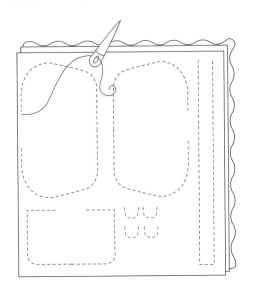

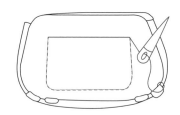

4 牛斑紋上蓋部分:格紋表布與裡布正面相對,底部放置鋪棉,表布背面畫出上蓋外框,沿著外框以回針縫縫合,並留返口。

5 牛斑紋:表布與裡布正面相對,表布背面畫出牛斑紋形,以回針縫縫合整圈,外加縫份0.5cm剪下,剪牙口,從裡布剪出返口,從返口處翻至正面。

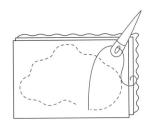

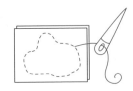

6 步驟5牛斑紋邊緣以藏針縫縫於步驟3表面裝飾。

7 步驟4外加縫份0.5cm剪下，修剪鋪棉並剪牙口，從返口處翻回正面，返口縫合，以藏針縫固定於後片袋身上端。

8 牛頭零錢包表布：如圖將牛頭三款配色布以藏針縫縫合。

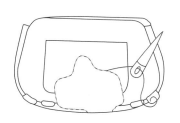

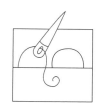

9 裁剪裡布同步驟8表布尺寸，表布與裡布正面相對，底部放置鋪棉，沿著牛頭外框以回針縫縫合，留返口，外加縫份0.5cm剪下，修剪鋪棉並剪牙口，從返口處翻回正面。

10 牛頭零錢包後片布：後片表、裡布正面相對，底部放置鋪棉，沿著牛頭外框以回針縫縫合，並留返口，外加縫份0.5cm剪下，修剪鋪棉並剪牙口，從返口處翻回正面。

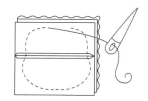
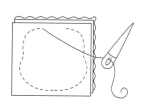

11 牛耳朵、牛角：兩片表布正面相對，底部放置鋪棉，沿著牛耳朵外框以回針縫縫合，留返口，外加縫份0.5cm剪下，修剪鋪棉並剪牙口，從返口處翻回正面表面，縫上內耳。牛角：以不織布剪出牛角外形，備用。

13 零錢包背面縫上磁釦，於表袋上端相對位置，縫上另一端磁釦；袋身袋口與相對位置也縫上磁釦後，側身縫合手把固定即完成。

12 將牛耳朵、牛角固定於步驟9上端，與步驟10側身縫合，並於開口處縫上拉鍊固定。

長頸鹿水壺袋 / 紙型B面 P.38

★ 材料

表布40×44cm
裡布25×38cm
鋪棉37×38cm
【各部位用布】
長頸鹿頭身＋腳（淺銘黃色）24×33cm
鼻＋蹄12×13cm
角：不織布（淺咖啡色）4×5cm

鬃毛＋尾巴：不織布（咖啡色）17×17cm
填充棉
繡線
棉繩40cm×2
尾巴：3cm緞帶
釦子×1

★ 製作方法

1 袋身表布與裡布正面相對，底部放置鋪棉，沿著邊緣進行回針縫，並留返口，修剪鋪棉並剪牙口翻回正面，相同作法製作另一片。

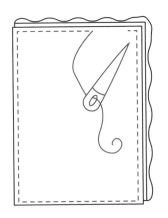

2 剪直徑11cm的袋底表布，同步驟1作法將表布、裡布、鋪棉三層進行回針縫縫合，修剪鋪棉並剪牙口翻回正面，完成10cm的圓底。

3 耳朵表布、裡布正面相對，底部放置鋪棉，沿著兩耳朵外框進行回針縫，留返口，外加縫份0.5cm剪下，修剪鋪棉並剪牙口，從返口處翻回正面，備用。

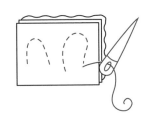

4 以不織布裁剪長頸鹿鬃毛、角、尾巴部分。

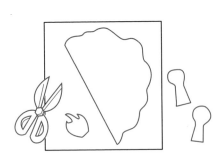

5 裁剪身體表布後，將耳朵、鬃毛、尾巴各部位稍固定於步驟1表面，身體以貼布縫縫於表面。

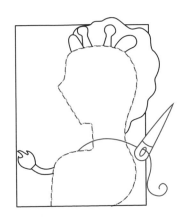

6 裁剪鼻子外表後，貼布縫於步驟5臉部上端，前部鬃毛不織布以ㄇ字縫方式縫於頭頂位置。

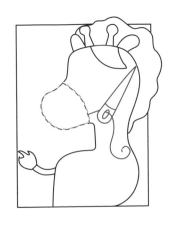

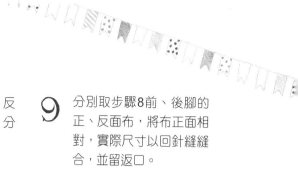

7 將袋子前後片側身以藏針縫縫合，底部縫上步驟2底部。

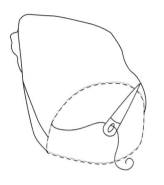

8 腳表布畫上前後腳的正、反面後，貼布縫合蹄部位，分別外加縫份0.5cm剪下。

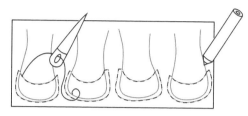

9 分別取步驟8前、後腳的正、反面布，將布正面相對，實際尺寸以回針縫縫合，並留返口。

10 剪牙口翻回正面，均勻塞入填充棉，返口縫合，製作完成前、後腳。

11 取步驟10前、後腳，以藏針縫縫於步驟7袋底前端交界處。

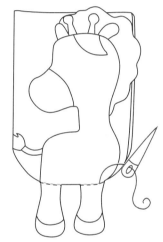

12 提袋繩：剪3×40cm長條形2片，布條短邊對摺，邊緣0.3cm處整條長邊以以回針縫縫合。

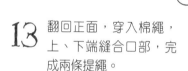

13 翻回正面，穿入棉繩，上、下端縫合口部，完成兩條提繩。

14 將提繩固定於袋內上端。

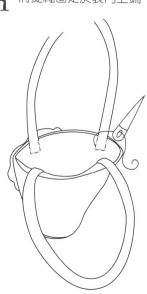

15 以壓克力顏料畫上長頸鹿紋路，縫上釦子眼睛、繡上鼻子、嘴巴紋即完成。

斑馬護照套 紙型B面 P.39

★ 材料

斑馬紋表布24×32cm
口袋布＋斑馬鼻19×43cm
裡布16×69cm
鬃毛：不織布（藍紫色）8×17 cm
繡線
暗釦×1

★ 製作方法

1 裁剪口袋表布，摺為如圖階梯狀（可以依個人需求設計口袋深度），袋口上緣分別壓線裝飾。

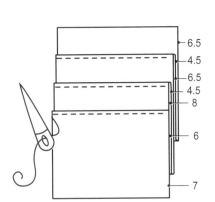

6.5
4.5
6.5
4.5
8
6
7

2 再取1片口袋表布裁剪成同步驟1摺完成後的長寬尺寸後，與步驟1正面相對，邊緣以回針縫縫合，留返口，從返口處翻回正面。

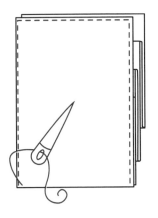

3 表布表面右側1／2處，貼布縫上斑馬鼻子表布裝飾，如圖。

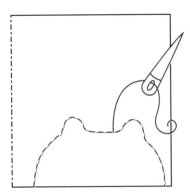

4 表布正面對摺，表布背面畫上兩片耳朵及釦耳布外框，沿著外框以回針縫縫合，外加縫份0.5cm剪下，剪牙口，從返口處翻回正面。

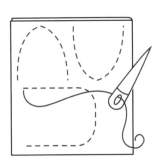

5 分別將步驟4兩片耳朵、釦耳布返口縫合，備用。

6 裁剪裡布16×69cm，摺為左邊9.5cm、右邊12cm的口袋（已含1cm的縫份，如圖狀），分別將對摺處兩片壓線裝飾（小心不要縫到最底下那層布，袋口會封住）。

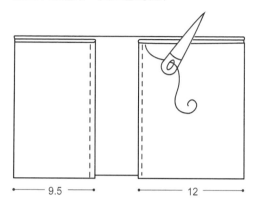

9.5 —— 12

7 步驟3、6正面相對，並將步驟4耳朵、釦耳夾於之間，邊緣以回針縫縫合，並留返口。

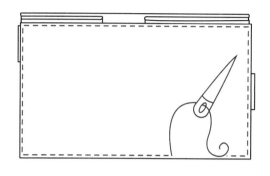

8 步驟2置於裡布一邊口袋的袋面上，ㄩ字邊緣稍微勾線固定於表面。

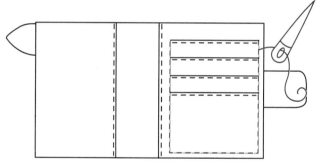

9 取不織布剪馬額前鬃毛三片，以毛邊繡（ㄇ字繡）縫於表布上端。

10 於釦耳布縫上一邊暗釦後，於相對位置繡出眼睛紋，並於右眼睛內縫上另一暗釦、繡鼻洞，完成！

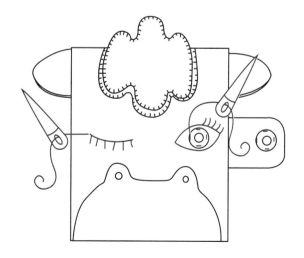

海豚眼鏡包 紙型B面 P.40

★ 材料

表布22×24cm	繡線
裡布24×26cm	尖嘴鉗
鋪棉22×24cm	10cm彈性片夾
【各部位用布】	錬子25cm
豚身10×19cm	紅色＆白色壓克力顏料
豚肚7×11cm	畫筆

★ 製作方法

1 取眼鏡袋表布12×22cm，表面畫上海豚外框，以藏針縫縫上肚皮表布。

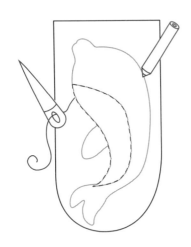

2 依相同作法以藏針縫縫上海豚外型，表面貼布縫完成。

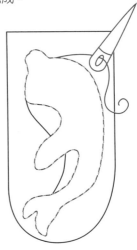

3 步驟2與裡布正面相對，底部放置鋪棉，邊緣以回針縫縫合，上方留返口。

4 修剪鋪棉並剪牙口，從返口處翻回正面，繡出眼睛紋路。

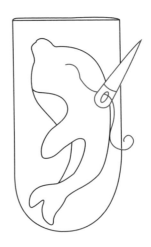

5 依相同作法製作後片袋布，與前片背面相對，邊緣以藏針縫縫合。

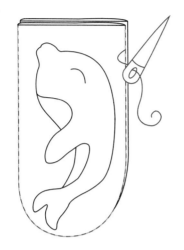

6 裁剪10×4cm布片兩片，兩側往內摺0.5cm並壓線。

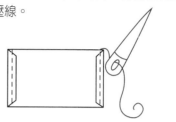

7 步驟6短邊對摺，依相同作法完成另一片。

8 分別將步驟7套入步驟5前、後片的返口內，以藏針縫縫合。

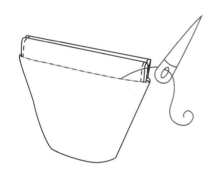

9 組合上方彈性片夾，以壓克力顏料畫上腮紅即完成。

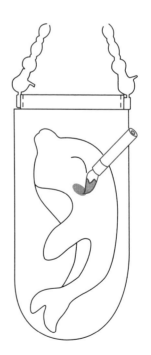

大嘴魚束口包 紙型B面 P.41

★ 材料

魚尾表布17×50cm	滾邊布3×45cm
魚身表布19×50cm	繡線
魚頭表布11×50cm	穿繩工具
裡布50×51cm	漸層繩80cm×2
鋪棉50×51cm	珠珠&釦子×2
土台布50×51cm	滾邊繩43cm
魚底11×16cm	

束口部分作法請參考P.59

★ 製作方法

1　分別剪出束口袋魚尾、身體、魚頭部分的表布，三層以藏針縫接合，完成前、後片25×40cm的表布。

2　前、後表布分別與鋪棉、土台布壓線，備用。

3　步驟2前、後表布正面相對，側身以回針縫縫合，留1cm束口繩位置不縫合。

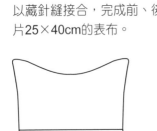

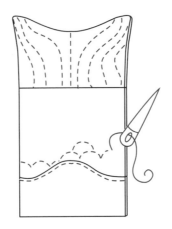

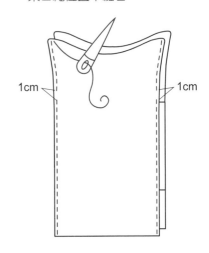

1cm　　1cm

4　袋底11×16cm表布與鋪棉、土台布，三層壓線裝飾，備用。

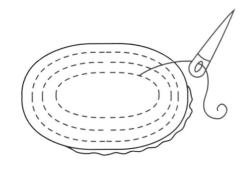

5　長條布3×45cm包繩後，側身以疏縫縫合。

6　將步驟5長條疏縫處，繞於步驟4外圍，外緣再一起以平針縫縫合固定。

7 步驟3翻至正面，與步驟6袋底對位好後，交界處以藏針縫縫合。

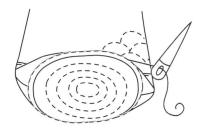

8 剪兩片裡布同步驟1表布尺寸，兩片裡布正面相對，側身縫合，再剪一片裡布袋底，與裡布下緣縫合固定。

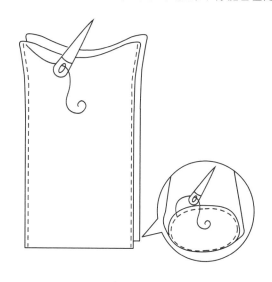

9 步驟8裡布套入步驟7表布內，開口上緣收合，壓出步驟3留的1cm整圈位置，為束口繩軌道。

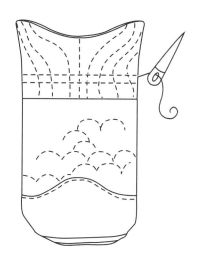

10 製作束口繩裝飾小魚：將魚尾、身體、頭部縫合，完成7×8cm的小魚表布。

11 在小魚表布7cm處，正面對摺，表布背面畫上小魚外框，沿著小魚外框縫合，嘴巴前端留返口處，修剪翻至正面。

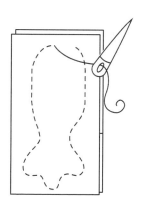

12 步驟9穿入漸層繩，繩尾兩端分別打結後，放入步驟11嘴巴內，縫合固定，最後縫上釦子作為眼睛，完成！

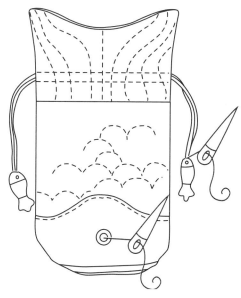

粉紅貓隨身化妝包 紙型B面 P.42

★ 材料

表布32×33cm	9吋（22.8cm）拉鍊×1
點點布23×26cm	30cm緞帶
裡布27×32cm	壓克力顏料
蝴蝶結＋貓尾巴布10×11cm	畫筆
繡線	暗釦×1

★ 製作方法

1 貓臉布背面畫上10×11.5cm臉部外型，與另一片表布正面相對，邊緣縫合，並留返口，外加縫份0.5cm剪下，剪牙口，從返口處翻回正面，縫合返口。

2 表布背面畫上2.5×3cm貓耳朵兩片，兩片表布正面相對，以回針縫縫合，外加縫份0.5cm剪下，剪牙口，從返口處翻回正面，縫合返口。

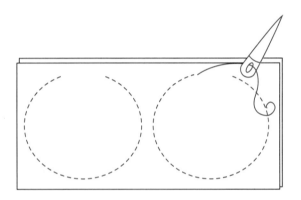

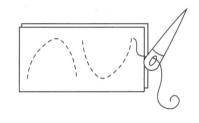

3 兩片耳朵固定於臉部背面兩側上端後，與另一片後片表布背面相對，下緣以藏針縫縫合，在裡布開口上端縫上暗釦。

4 裁剪袋身表布13×18cm橢圓形兩片，以及9×32cm側身布，將側身布兩端短邊中心，分別往內摺夾角1cm固定。

5 先將步驟4側身布的長邊對摺，找出中心點，與橢圓布側身中央處對位，沿著左右對位完成後，並縫合固定，另一片橢圓布相同作法，縫合固定於側身布另一端。

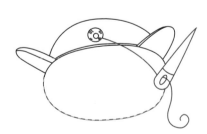

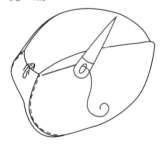

6 步驟5袋口縫上拉鍊。

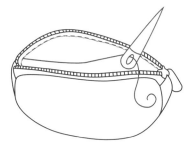

7 剪兩片大小長布條（4×9cm、3×3cm），一片長條布正面相對，ㄩ字形邊緣進行回針縫，從返口處翻回正面，另一小長條布上下端各往內摺1／4。

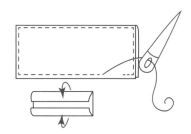

8 小長條布包覆於大長條布中央，縫合固定為蝴蝶結。

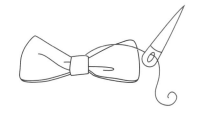

9 蝴蝶結縫合於步驟3兩耳朵之間，以壓克力顏料畫上貓眼睛、腮紅，並繡上貓鼻與嘴形。

10 貓尾：裁剪6×8cm長條布，短邊正面對摺，側身進行回針縫。由上往下對摺。

11 下端以平針縫縮口，將25cm緞帶穿於拉鍊環內，尾部打結，縮口處套入尾部固定，布的另一端整個往下翻。

12 將縮口另一端也縮縫完成，步驟9縫合於身體上端即完成。

咖啡狗首飾收納包 紙型B面 P.94

★ 材料

表布24×24cm	繡線
裡布12×20cm	暗釦×1
鋪棉12×24cm	珠珠×2
咖啡毛布10×26cm	釦子×1
填充棉	5吋（12.5cm）拉鍊1條

★ 製作方法

1 裁剪7×12cm、12×12.5cm裡布，裡布一側往內摺1cm後，分別重疊於拉鍊兩側，以平針縫與拉鍊縫合。

2 裁剪同步驟1完成尺寸的表布兩片，依表布背面、拉鍊布背面、表布正面、鋪棉順序重疊，邊緣以回針縫縫合，並留返口，從返口處翻回正面，縫合返口。

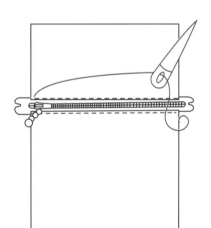

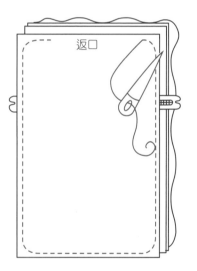

返口

3 裁剪5×12cm長條布，正面對摺，縫合側身，並留返口。

4 步驟3從返口處翻回正面，均勻塞入填充棉，縫合返口。

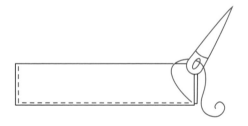

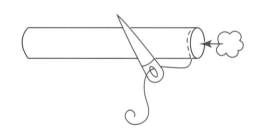

5 步驟4的一端固定於步驟2裡布位置，另一端縫上暗釦，裡布另一相對位置縫上另一暗釦。

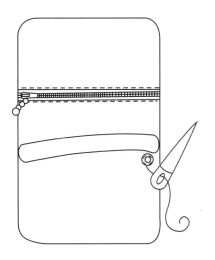

6 狗耳朵：毛質布與同表布質感的布（此代稱裡布）正面相對，沿著狗耳朵形回針縫縫合，外加縫份0.5cm剪下，剪牙口，從裡布背面剪一留返口，翻回正面，依相同作法製作另一片耳朵與頭頂頭髮。

7 分別將步驟6固定於步驟2的1／2表布處，毛質布以貼布縫縫出狗腮部位。

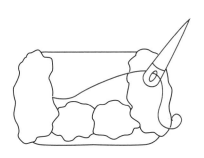

8 取珠珠、釦子縫於步驟7狗臉表面，作為眼睛、鼻子即完成。

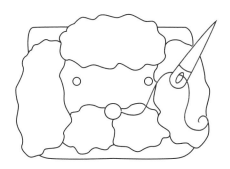

小熊&兔子悠遊卡包 紙型A面 P.46

★ 材料

表布(毛質布)18×51 cm	釦子×3
內耳(毛巾布)7×8 cm	裝飾釦子×2
裡布18×20 cm	緞帶繩90cm
填充棉	紅色壓克力顏料
繡線	

★ 製作方法

1 兔頭後片：表布與裡布正面相對，距離左邊3cm位置，以回針縫縫出0.5×6cm的長方形。

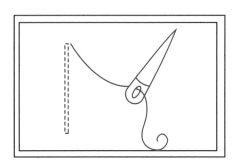

2 步驟1長方形內剪Y口，將裡布由洞口翻至另一面。

3 將步驟2表布、裡布拉重疊使其平整後，沿著兔子頭部整圈疏縫固定。

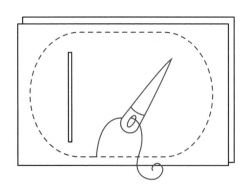

4 兔頭前片：表布與裡布正面相對，沿著兔子頭外框以回針縫縫合，並留返口，縫份剪牙口後，從返口處翻回正面，返口縫合。

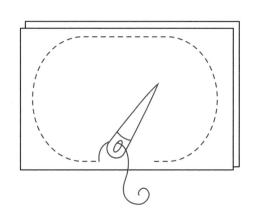

5 取同兔子頭質感的布片兩片，作為表布並正面相對，畫出如圖各部位外框，沿著外框以回針縫縫合，留返口。

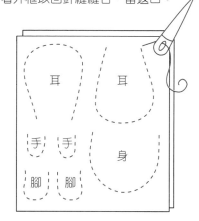

耳　耳

手　手　身

腳　腳

6 兔耳朵：將步驟5各部位外加縫份0.5cm剪下，剪牙口從返口處翻回正面；在兔耳朵貼布縫上內耳朵。

7 兔子身體：依步驟6作法，身體返口處塞入填充棉，直至塞飽填充棉後，收口備用，手、腳依相同作法製作，以藏針縫固定於兔身兩側。

8 將兔耳朵、兔身、繩子夾於兔頭之間，以藏針縫縫合。

9 鼻子：裁剪直徑8cm圓形，邊緣平針縮縫，並塞入填充棉後收口後，兔鼻置於前臉表面，以藏針縫縫合固定。

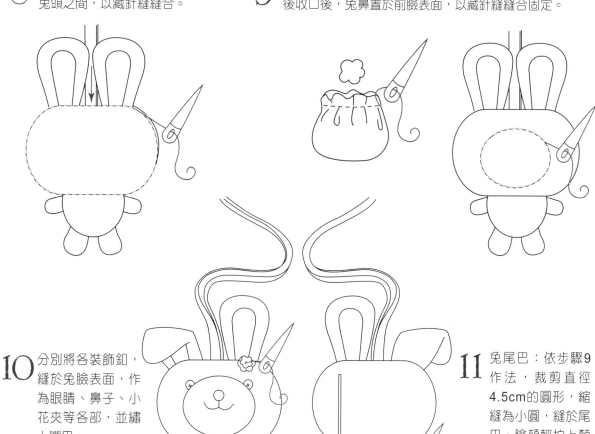

10 分別將各裝飾鈕，縫於兔臉表面，作為眼睛、鼻子、小花夾等各部，並繡上嘴巴。

11 兔尾巴：依步驟9作法，裁剪直徑4.5cm的圓形，縮縫為小圓，縫於尾巴，臉頰輕拍上顏料為腮紅即完成。

金雞圓形提把包 紙型A面 P.47

★ 材料

表布26×58cm	雞冠+肉垂布12×24 cm
裡布46×58cm	雞嘴6×10 cm
鋪棉58×63 cm	尾羽毛各色9×12 cm
【各部位用布】	繡線
翅膀表布+裡布22×32 cm	圓手提把×1
雞衣服20×56cm	釦子×2

★ 製作方法

1 取各素色布製作公雞尾巴部分：將布正面對摺，底部放置鋪棉，以回針縫縫合，留返口。

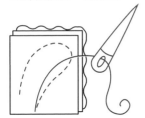

2 縫份0.5cm剪下，修剪鋪棉並剪牙口，返口處翻回正面，返口縫合，表面壓線，完成尺寸不同的五色羽毛。

3 雞嘴巴：布正面對摺，底部放置鋪棉，依嘴形以回針縫縫合，留返口。

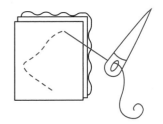

4 雞翅膀：表布正面對摺，底部放置鋪棉，沿著翅膀外框縫合，留返口，外加縫份0.5cm剪下，修剪鋪棉並剪牙口，從返口處翻回正面，返口以藏針縫縫合，完成兩片。

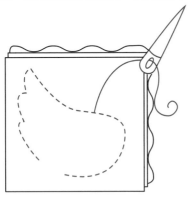

5 雞冠、肉垂：依步驟4的作法完成；步驟3也以相同作法收口完成，備用。

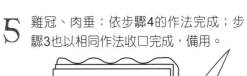

6 衣服：表布與裡布正面相對，底部放置鋪棉，將衣服外框畫於表布背面，以回針縫縫合，並留返口。

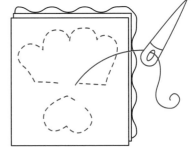

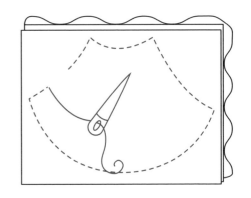

7 步驟6外加縫份0.5cm剪下，修剪鋪棉並剪牙口，從返口翻回正面，以藏針縫收口，表面壓格紋，完成前後兩片。

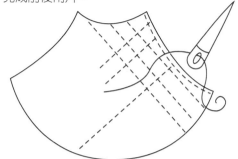

8 取步驟4翅膀，以藏針縫縫於步驟7表面。

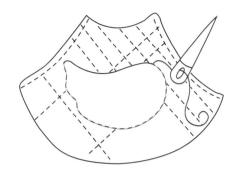

9 公雞袋身：袋身表布與裡布正面相對，底部放置鋪棉，表布背面畫上公雞袋身外框，以回針縫縫合，留返口，外加縫份0.5cm剪下，修剪鋪棉並剪牙口，從返口處翻回正面，縫合返口，完成前後兩片。

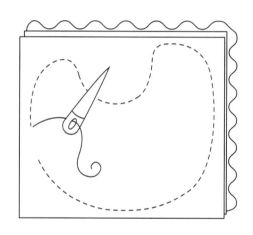

10 將尾巴、雞冠、嘴巴各部位置於步驟9兩片之間，放入圓環手把，包布固定於袋口內側。

11 步驟10袋子側身以藏針縫縫合，袋口上端兩側相對位置，縫上磁釦。

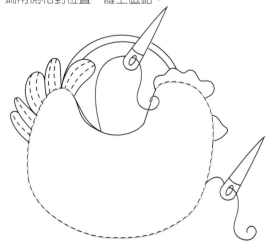

12 將步驟8的衣服部分，置於袋身兩側，並於上下端縫於袋側，將剩下的各部位縫上固定即完成。

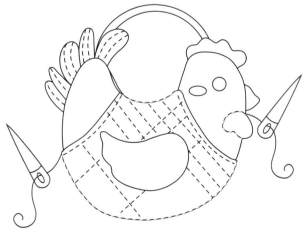

迷你豬印章包 ／ 紙型B面 P.48

★ 材料

【各部位用布】	鋪棉12×14 cm
頭部＋身體布8×20 cm	繡線
頭巾布8×16 cm	10吋（25.4cm）＆4吋（10.2 cm）拉鍊
鼻子布4×10 cm	6cm包釦×2
衣服布12×14 cm	珠珠×2
頭髮布3×5 cm	磁釦×1
裡布15×23 cm	6cm圓塑膠片×2

★ 製作方法

1　裁剪直徑8cm圓形表布，如圖進行貼布縫，壓髮絲線、縫上眼珠、鼻子洞。

2　將直徑6cm的圓形片置於步驟1背面，布邊以平針縫縮縫固定，依相同作法製作後片圓形片。

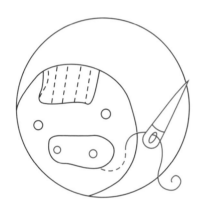

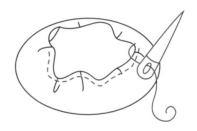

3　拉鍊兩端縫合呈環狀，將步驟2置於拉鍊上、下側，邊緣縫合。

4　取直徑8cm裡布，包覆直徑6cm塑膠圓片，完成兩個，分別蓋於步驟3圓形片內的洞口收合。

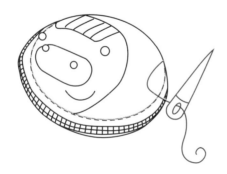

5 　印章袋表布畫上前後片形，貼布縫上衣服形狀。

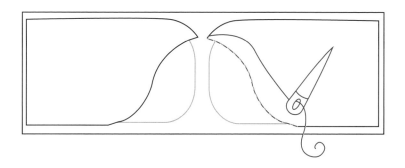

6 　步驟5外加縫份0.5cm剪下，與相同尺寸的裡
　　布正面相對，底部放置鋪棉，沿著實際尺寸
　　以回針縫縫合。

7 　修剪鋪棉並剪牙口，從返口處翻回正面縫合
　　返口，壓出豬蹄、尾巴，依相同作法製作後
　　片布。

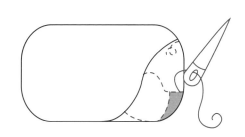

8 　縫合步驟7前、後片印章袋身側身，上端縫
　　上拉鍊，左上端處縫上一面磁釦。

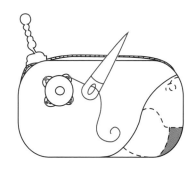

9 　於步驟4後腦與袋身相對位置，縫上另一個磁
　　釦即完成。

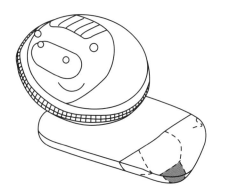

國家圖書館出版品預行編目資料

Happy Zoo：最可愛の趣味造型布作30+ / 幸福豆手
創館－胡瑞娟Regin著. --
　一版. -- 新北市：雅書堂文化, 2016.05
　面；　公分. -- (FUN手作；107)
　ISBN 978-986-302-306-7(平裝)
　1.拼布藝術 2.手工藝
426.7　　　　　　　　　　　　105005186

【Fun手作】107

Happy Zoo
最可愛の趣味造型布作30+

作　　　者／幸福豆手創館－胡瑞娟Regin
發 行 人／詹慶和
總 編 輯／蔡麗玲
執行編輯／黃璟安
編　　　輯／蔡毓玲‧劉蕙寧‧陳姿伶‧白宜平‧李佳穎
作法‧紙型繪圖／胡瑞娟Regin
執行美編／陳麗娜
美術編輯／周盈汝‧翟秀美‧韓欣恬
攝　　　影／數位美學‧賴光煜
出 版 者／雅書堂文化事業有限公司
發 行 者／雅書堂文化事業有限公司
郵政劃撥帳號／18225950
郵政劃撥戶名／雅書堂文化事業有限公司
地　　　址／220新北市板橋區板新路206號3樓
電　　　話／（02）8952-4078
傳　　　真／（02）8952-4084
網　　　址／www.elegantbooks.com.tw
電子郵件／elegant.books@msa.hinet.net

2016年05月初版一刷　定價／350元

總經銷／朝日文化事業有限公司
進退貨地址／235新北市中和區橋安街15巷1號7樓
電話／（02）2249-7714
傳真／（02）2249-8715

Happy Zoo